职业教育土建类专业在线精品课程配套教材

居住空间设计与施工

主　编　夏峰华　赵　霞
副主编　潘　伟　高丽燕　张荣美
参　编　许立新　李　征　张朋主
主　审　张秀燕　杨会芹

机械工业出版社

本书紧密结合居住空间设计及装饰装修施工全过程，建立以"岗位工作流程"为序的设计构架，按照"洽谈咨询—平面设计—空间设计—设计制图—现场施工—项目验收"的流程，将室内设计基础、居住空间设计方案、项目施工制图、施工工艺及验收等内容提炼重构，结合丰富的实物图例分析，详细阐述了居住空间设计的美学原则、功能需求与设计方法，并提供了实用的施工技术指导，旨在培养学生的居住空间设计能力和项目实践技能。

本书将教学内容和实践案例相结合，提供了丰富的设计知识、可行的设计方案和施工技术指导，不仅可加深学生对设计美学、空间规划的理解，还能提升其沟通协调能力。本书可作为高等职业院校环境艺术设计、建筑室内设计、室内设计等专业的教学用书，也可作为广大室内设计从业人员的技能培训用书。

图书在版编目（CIP）数据

居住空间设计与施工 / 夏峰华，赵霞主编． -- 北京：机械工业出版社，2025.3．--（职业教育土建类专业在线精品课程配套教材）． -- ISBN 978-7-111-77844-8

Ⅰ．TU241

中国国家版本馆 CIP 数据核字第 20256L8V48 号

机械工业出版社（北京市百万庄大街22号　邮政编码100037）
策划编辑：常金锋　　　　　责任编辑：常金锋　章承林
责任校对：郑　婕　张　征　封面设计：马若濛
责任印制：邓　博
北京中科印刷有限公司印刷
2025年7月第1版第1次印刷
210mm×285mm・7.75 印张・259 千字
标准书号：ISBN 978-7-111-77844-8
定价：45.00元

电话服务　　　　　　　　网络服务
客服电话：010-88361066　机　工　官　网：www.cmpbook.com
　　　　　010-88379833　机　工　官　博：weibo.com/cmp1952
　　　　　010-68326294　金　书　网：www.golden-book.com
封底无防伪标均为盗版　机工教育服务网：www.cmpedu.com

前言

随着人们生活品质的不断提升，对于居住环境的要求也日益呈现多样化和个性化。良好的居住空间设计不仅能够满足人们的功能需求，还能营造出舒适、美观且富有艺术感的居住氛围。高等职业院校作为技能型人才培养的主阵地，需要提供与之相匹配的教材，室内设计专业的教材应能够让学生系统地掌握居住空间设计与施工的核心知识和技能，满足家装行业人才需求。

本书是一本集居住空间设计与施工的综合性教材，服务于高职院校室内设计专业，供相关学生使用。本书涵盖居住空间设计的基本原则、方法和流程等内容，具体包括依据业主的需求和喜好，进行合理的居住空间规划；运用色彩、造型、材料等元素营造舒适、美观的居住环境；家装材料的选择与运用、施工工艺的掌握及质量控制；家装行业新技术、新材料、新风格的更新迭代等。本书提供了大量的实践案例，通过真实项目展示不同设计方案的优劣，让学生更好地理解和运用。

本书的优势在于打破传统思维定式，构建了一套科学合理的教学体系，提供了明确清晰的教学内容和教学方法，使教学过程更加有序、高效。本书由夏峰华、赵霞任主编，编写分工为：单元一由滨州职业学院李征编写；单元二由滨州职业学院许立新编写；单元三由滨州职业学院赵霞编写；单元四由滨州职业学院夏峰华编写；单元五、单元六由滨州职业学院张荣美编写；单元六、单元八、单元九由滨州职业学院潘伟编写；单元七由滨州职业学院高丽燕编写；单元十由山东诸华建设工程有限公司张朋主编写。本书由滨州职业学院张秀燕、杨会芹主审。

本书的编写主要是为了培养高素质的设计与施工人才。它将理论与实践、新技术与新工艺以及创新思维等进行有机结合，深化教材铸魂育人功能，培育、践行社会主义核心价值观，为学生提供系统、全面且具有前瞻性的知识体系，从而培养学生精益求精的大国工匠精神，激发学生科技报国的家国情怀和使命担当。希望学生在学习中有所启迪，为社会创造出更加美好的居住环境。

编　者

微课二维码清单

页码	名称	二维码	页码	名称	二维码
4	课程概要		47	平面布置图识读	
7	市场营销及客户消费心理		53	装饰施工图立面图及剖面图的识读内容	
12	居住室内空间布局		56	水路改造施工流程及施工要点	
17	家装项目平面布置设计		58	防水涂料的施工流程及施工要点	
22	客厅装修设计		60	电路改造的施工流程及注意事项	
24	卧室装修设计		62	拆改墙体	
26	餐厅装修设计		64	批荡施工工艺	
30	厨房装修设计		65	包立管施工工艺	
32	书房装修设计		67	找平施工工艺	
35	卫生间装修设计		68	瓷砖进场检验	
37	衣帽间装修设计		71	墙面砖施工工艺	
42	装饰施工图制图标准		74	地面砖施工工艺	

微课二维码清单（续）

页码	名称	二维码	页码	名称	二维码
76	窗台板施工工艺		95	实木地板施工流程及施工要点	
78	踢脚线施工工艺		98	天花板扇灰及乳胶漆施工流程及施工要点	
81	木工施工工艺		100	墙面扇灰及乳胶漆施工流程及施工要点	
83	木龙骨夹板吊顶的施工工艺		102	墙面软硬包施工流程及施工要点	
85	铝扣板吊顶工程		104	壁纸的铺贴工艺	
86	吊顶工程常见问题答疑		106	乳胶漆及壁纸施工常见问题答疑	
87	柜子制作流程及施工要点		109	隐蔽工程验收	
89	地台安装流程及施工要点		111	瓷砖、木地板铺贴验收	
90	门的安装施工工艺		113	木工工程验收	
93	门窗套施工工艺		114	乳胶漆、油漆工程验收	
95	复合木地板施工流程及施工要点				

目录

前言

微课二维码清单

单元一　居住空间设计概论　001

单元二　业主洽谈咨询　005

单元三　居住空间平面布置设计　008
3.1　室内居住空间布局　008
3.2　家装项目平面布置设计（案例）　012

单元四　居住空间功能区设计　018
4.1　客厅装修设计　018
4.2　卧室装修设计　022
4.3　餐厅装修设计　024
4.4　厨房装修设计　026
4.5　书房装修设计　031
4.6　卫生间装修设计　032
4.7　衣帽间装修设计　035

单元五　项目设计制图与识读　038
5.1　施工图制图标准　038
5.2　平面布置图识读　042
5.3　立面图、剖面图识读　048

单元六　项目现场施工——水、电路改造施工　054
6.1　水路改造施工流程及施工要点　054
6.2　防水涂料施工流程及施工要点　056
6.3　电路改造施工流程及施工要点　058

单元七　项目现场施工——瓦工施工　061
7.1　拆墙与砌墙施工流程及施工要点　061
7.2　抹灰施工流程及施工要点　063
7.3　包立管施工流程及施工要点　064
7.4　地面找平施工流程及施工要点　065
7.5　瓷砖进场检验　067
7.6　墙砖铺贴施工流程及施工要点　068
7.7　地砖铺贴施工流程及施工要点　071
7.8　窗台板铺贴施工流程及施工要点　074
7.9　踢脚板施工流程及施工要点　076

单元八 项目现场施工——木工施工 079

8.1 轻钢龙骨石膏板吊顶施工流程及施工要点 079

8.2 木龙骨夹板吊顶施工流程及施工要点 081

8.3 铝扣板吊顶施工流程及施工要点 083

8.4 吊顶施工常见问题答疑及应对措施 085

8.5 全屋定制柜体安装施工流程及施工要点 086

8.6 地台安装施工流程及施工要点 088

8.7 成品门安装施工流程及施工要点 089

8.8 门窗套安装施工流程及施工要点 090

8.9 木地板安装施工流程及施工要点 093

单元九 项目现场施工——油工施工 096

9.1 天花板扇灰及乳胶漆施工流程及施工要点 096

9.2 墙面扇灰及乳胶漆施工流程及施工要点 098

9.3 墙面软硬包施工流程及施工要点 101

9.4 壁纸铺贴施工流程及施工要点 103

9.5 乳胶漆及壁纸施工常见问题 104

单元十 项目工程验收 107

10.1 隐蔽工程验收 107

10.2 瓷砖、木地板铺贴工程验收 110

10.3 木工工程验收 111

10.4 乳胶漆工程验收 113

参考文献 115

Chapter 1 单元一
居住空间设计概论

单元概述

本单元介绍了居住空间设计概念及相关理论知识，包括居住空间设计的发展趋势及设计的基本流程，旨在令学生充分学习居住空间设计的相关理论和实践知识，提升居住空间设计的综合能力。

学习目标

居住空间设计课程是室内设计专业的核心课程，是理论与实践相结合的一门专业课。学生通过系统的基础理论学习，可以了解专业设计流程知识，借鉴先进的设计理念，为设计实践积累理论基础。

居住空间环境与人们的生活密切相关，良好的居住空间环境对于提高人们的生活水平具有重要作用。居住空间设计的水平、质量及品位与设计师的专业素养和艺术素养紧密相连。在居住空间设计中，设计师扮演着总策划的角色，他们对于装修整体效果的把控能力较强，对设计中的各个细节也有其独特的见解。

一、居住空间设计的概念

居住空间一般由客厅、卧室、餐厅、书房、厨房、卫生间等不同性质的空间组成。居住空间设计是对上述空间及其周边环境进行改善、美化的创造性艺术表现，其目的是创造安全、舒适、宜人和富有美感的室内环境。因此，在居住空间设计中要体现"以人为本"的现代设计理念，遵守"安全、健康、适用、美观"的设计原则。通过强调空间处理、功能布局、装饰风格及材料的运用，满足人们生理、心理需求，针对不同家庭人口构成、职业性质、文化生活和业余爱好以及个人生活情趣等特点，设计具有时代特色和个性风格的家居环境。

二、居住空间设计的发展趋势

1. "人性化"主题

居住空间设计要全面考虑"人性化"主题。为人设计，为人服务，这是居住空间设计的最大特点，也是室内设计师的基本理念和神圣职责。

2. 生态设计

居住空间设计应具有一定的环境意识，即绿色设计，例如健康宜人的温度和湿度、清洁的空气、好的水环境和声环境等。

3. 强化地域文化

现代居住空间设计在经历了"实用性—舒适性—个性化"的三次转变之后，人们开始重视传统文化与乡土文化，呼吁室内设计要有民族的特色，即强化地域特点，重视文化内涵。在设计中，民族文化、地域文化、业主个人的审美情趣等应该相互融合。

4."可持续"设计观

室内设计尤其讲究有机统一和可持续发展。要因地制宜，以人为出发点，包含民族特点与地方风格，且充分考虑历史文化的延续和自然发展规律，在结合业主文化背景及生活品位的同时，强调生态设计，注重环保、节能，减少污染，打造真正健康的生活环境。

三、居住空间设计的基本流程

在设计过程中，设计师犹如魔术师一般，利用手中的"魔棒"，在把握业主家庭装修期望的前提下，帮助业主合理地规划房间布局，提高住宅的美观性和实用性，使住宅的装修工序在安全、高效的前提下顺利进行。一般来说，室内设计的基本流程分为以下四个阶段：

1. 客户接待，良好沟通

合理的沟通技巧和恰当的接待礼仪是开展设计的前提和基础，设计师与业主的初次沟通尤其重要，会对能否促成业务合作产生直接的影响。因此，设计师不但要重视自己的仪容仪表，更要学会合理的沟通技巧。

2. 明确需求，量房设计

在设计师进行初步设计前，需要对业主的需求做到"真正了解"，根据业主的需要拟定策划方案。因此，确定业主需求是室内设计的基础，也是设计师确定房屋设计风格、方向的重要阶段。这一阶段设计师的主要工作是与业主深入沟通，一方面要获取业主的一手资料，包括业主年龄、职业等基础资料和业主的性格、个人喜好等可帮助确定装修风格的信息；另一方面，设计师要对需要装修的毛坯房进行实地考察和测量，包括现场测量地面、墙面、顶棚、阳台区域等，获得客观的数据资料。

在收集以上两项资料后，设计师结合业主的基本情况和房屋实际情况来制定装修策划方案，在确定方案后出具设计概念草图。通常在设计概念草图时，设计师会邀请业主参与。设计师会采用图形分析模式，将具体的家装项目和自己的设计构思展现出来。

3. 反馈深化，设计出图

在这一阶段，设计师会继续邀请业主参与设计过程，结合前期收集到的现场数据和真实情况，对室内空间设计的色调、空间规划、装饰风格和美化等内容进行细化和深化。接下来，设计师通过软件制作正式的家装设计图和施工图，其中包括平面图（图1.1-1）、立面图、顶面图、剖面图和细节节点详图等，这些图纸是施工阶段的重要依据。完成以上图纸绘制后，设计师还要通过软件绘制最终的房屋设计效果图（图1.1-2）。为了保证施工效果，在所有图纸绘制完成后，设计师还会对图纸进行校对和细节调整，从而保证设计图中的所有数据与实地情况相符，与施工队伍的施工能力、供货能力等情况相符，为后续施工提供技术保障。至此，设计阶段的工作全部完成。确定最终的设计方案后，设计师即可与业主签订装饰施工合同，并安排施工人员进场施工。但设计师的工作并没有结束，他们需要全程监督施工过程。施工队伍进场前，施工人员、设计师与施工经理需要就设计方案进行交底和讨论，设计师要将设计方案和施工图具体内容进行说明，交代整体施工以及各项细节的施工方式等。

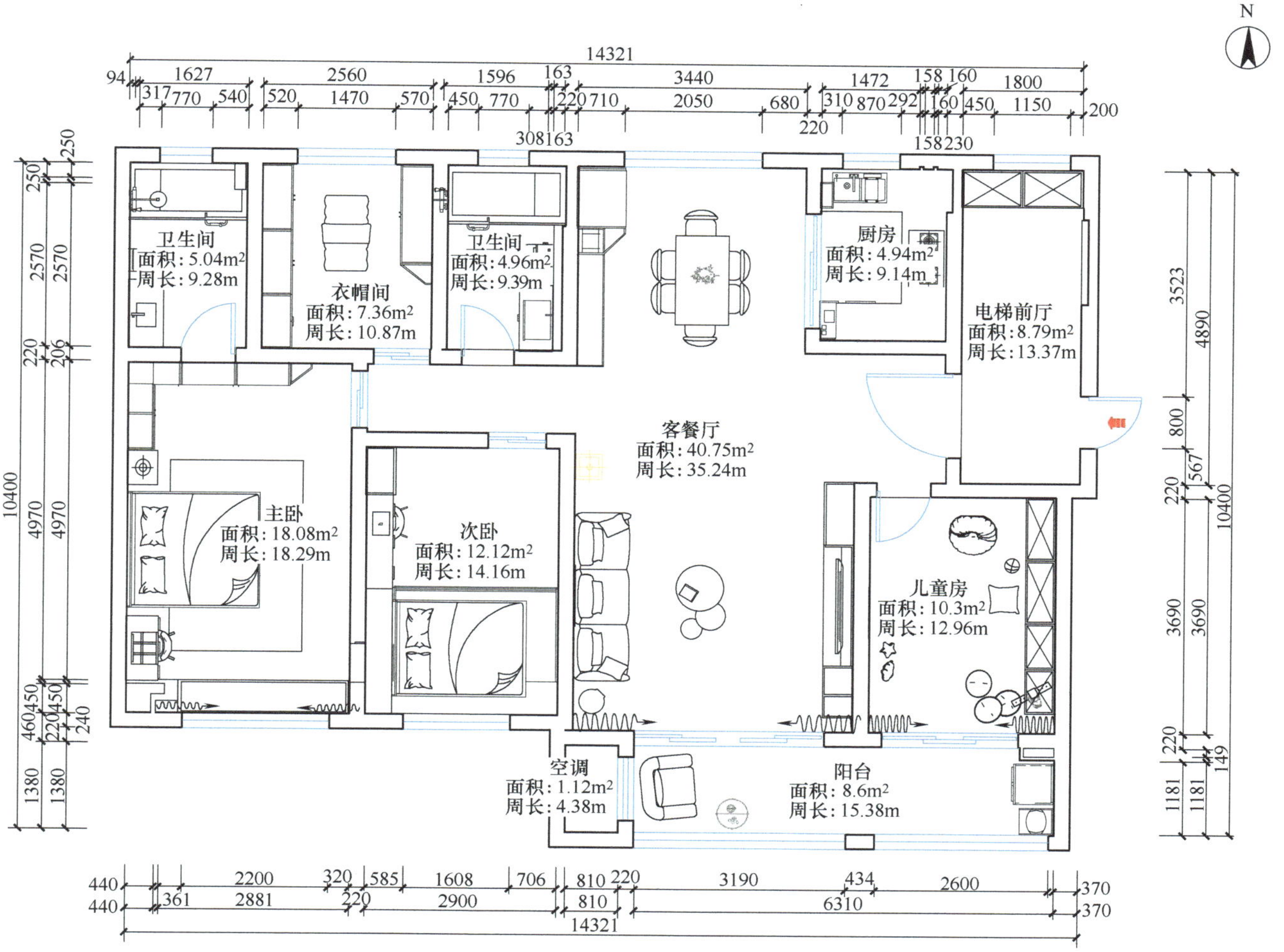

平面布置(1:60)

图 1.1-1　平面图

4. 监理施工，项目验收

在施工开始后，施工人员会按照装修工程施工顺序进行施工。装修工程一般有十个步骤，分别是建筑结构改造、水电布线、防水工程、瓷砖铺装、木工制作、油漆工程、墙面涂饰、水电安装、设备安装和项目验收（图 1.1-3）。

图 1.1-2　房屋设计效果图

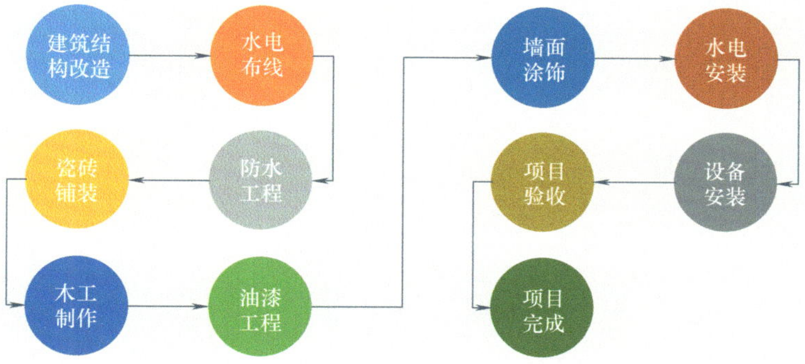

图 1.1-3　装修工程施工顺序

在整个过程中，设计师会定期到现场进行施工监督和技术指导，将设计图中的设计理念、方案等内容对施工人员做进一步解释和说明。施工人员在实际操作中遇到疑问或实际情况无法达到设计方案要求时，要第一时间与设计师进行沟通，设计师在了解实际情况后出具修改方案，待业主确认后再进行施工。工程完成时，设计师也会到场与业主一同验收装修情况及工程质量等。验收完成后，硬装部分工作全部完成，即将开始软装搭配和环境治理、房屋清洁等工作。

【练习】

1. 简述居住空间设计的发展趋势。
2. 室内设计的基本流程分为哪四个阶段？

课程概要

Chapter 2 单元二 业主洽谈咨询

单元概述

本单元介绍了在居住空间设计前如何与业主进行洽谈,包括洽谈准备物品与客户沟通内容分析,充分学习居住空间设计项目中与客户的沟通技巧,帮助设计师准确理解客户的需求和期望,并且更好地解释和呈现自己的设计思路。

学习目标

与业主洽谈是室内设计师的必备技巧,是在理论基础上达成销售实践的任务,学生通过对洽谈准备物品、与客户沟通内容分析的学习,了解如何更好地把握客户心理与需求,通过合理有效的沟通技巧,更好地为客户服务。

一、接洽业主的过程

室内设计师与业主的洽谈从接单到竣工伴随着整个工程项目过程。洽谈表现为业主与设计师彼此尊重、相互配合的一种双方互动的关系。一般来说,设计师与业主大约有五次洽谈。

1. 第一次洽谈

第一次洽谈的目的是了解业主的基本需求并互相交流意见,达成初步的平面空间规划与布局。第一次洽谈时,设计师需要准备的物品包括:

1)能体现自己公司实力的样本画册。
2)主要代表作品(包括设计作品和工程照片等)。
3)建筑平面图。
4)设计草图和设计工具。
5)笔记本电脑和电子计算器、预算纸等。

2. 第二次洽谈

第二次洽谈一般为了协调平面规划,确定并完善设计布局和思路。第二次洽谈时,设计师需要准备的物品包括:

1）现场测绘平面图。

2）初步设计的平面布局图。

3）简易示意图（初步立面设计及透视图）。

4）基本装饰材料样本和有关说明书。

5）专业参考书籍（画册和图片）。

6）设计或工程收费报价单（有关专业定额文件、资料）。

7）服务项目选择表。

8）设计草图和设计工具。

3. 第三次洽谈

第三次洽谈主要是为了完善方案的设计细节，确定材料型号与规格。第三次洽谈时，设计师需要准备的物品包括：

1）修改后的平面设计图。

2）天花板设计及主要立面设计图。

3）重要节点剖面图。

4）重点装饰空间透视效果图。

5）主要饰材样品。

6）笔记本电脑（内存上述专业资料）。

4. 第四次洽谈

第四次洽谈为确定所有细部设计，完成施工图设计，初步确定预算。第四次洽谈时，设计师需要准备的物品包括：

1）详细的平面、立面、顶面施工图和细部节点施工图。

2）材料清单及分析表。

3）色彩和陈设品计划。

4）调整后的透视效果图。

5）初步预算协调。

6）工程工期协调。

5. 第五次洽谈

第五次洽谈为确定工程预算和工程进度施工方案，签订工程合同。第五次洽谈时，设计师需要准备的物品包括：

1）全套施工图。

2）工程预算书。

3）施工方案及工期进度表。

4）正式合同文本（一式三份）。

5）洽谈记录卡。

二、与业主沟通的内容

1. 了解业主的家庭因素

1）家庭结构形态：家庭结构形态包括人口、数量、性别与年龄结构，居住形态与要求。

2）家庭文化背景：家庭文化背景包括籍贯、教育、信仰、职业等。

3）家庭性格类型：家庭性格类型包括家庭的共同性格和家庭成员的个别性格，对于家庭成员的好恶、特长与缺憾等需特别注意。

4）家庭经济条件：判断家庭是高收入还是中、低收入。

5）家庭希望的未来生活方式。

2. 了解业主的住宅条件

1）住宅建筑形态：住宅是新房还是旧房、住宅的位置和周边的地理环境。

2）住宅环境条件：住宅环境条件包括住宅所在的社区条件、小区景观和人文因素、物业管理等。

3）住宅空间条件：住宅空间条件包括整套住宅与单元区域的平面关系和空间构成、住宅与公共空间的关系。注意业主对私密性和安全性的要求。

4）住宅结构方式：明确住宅结构方式是砖混、框架、剪力墙还是其他。注意业主对住宅质量的看法。

5）住宅自然条件：住宅自然条件包括采光、日照、通风、温度、湿度等。

3. 了解业主的装修要求

1）业主喜欢或想选择的家装设计风格。

2）业主家庭装饰的内容。

3）业主想选择的主要装饰材料。

4）业主喜欢的装饰色彩与色调。

5）对装饰照明的要求。

6）对功能改善或完善的要求。

7）业主大概的家装投资预算或想法。

三、洽谈沟通注意事项

1）与业主沟通要善解人意，不能忽略了业主的真实需求。优秀的设计师会不断地探询业主的意见，仔细判断业主的需求并加以满足，直至业主达到满意状态。

2）每次修改后确定的设计图纸都要让业主签字，以免日后发生纠纷。各项重要的设计图纸、说明书、记录表、报价单、合同，在客户签字后，双方应各留一份存底。

3）任何工作应根据双方确定的预算和设计方案开展，如施工过程中有变化，一定要双方协商确定，业主要有书面变更通知单，增减工程项目要详细记录，以避免工程结算时产生纠纷。

4）因为市场竞争激烈，很多商机稍纵即逝，所以应尽早签订合同，以免对方改变主意。

5）工程设计与施工付款方式无一定准则，须根据沟通结果将付款方式与周期明确地写进合同里。一般在施工进场前，业主应预付材料款 30% 以上，施工过程中再付工程进度款 20%～40%，完工前收款达到 80% 以上。

6）与业主应保持友好、融洽的合作关系，与施工所在小区物业管理等部门也应搞好关系，这对设计与施工顺利进行非常重要。另外，要指定专人负责跟相关人员及部门接洽。

【练习】

1. 简述与业主沟通的过程。

2. 洽谈注意事项有哪些？

市场营销及客户消费心理

Chapter 3 单元三
居住空间平面布置设计

单元概述

本单元详细介绍了居住空间设计的布局要点及优秀布局的要素,通过详实的优秀案例讲解家装项目的平面布置设计,旨在解决家装项目中常见的布置设计问题。

学习目标

学生通过系统化理论及实践项目的深入学习,借鉴先进的平面布置设计理念,掌握居住空间平面布置设计的理论知识,为设计实践打好基础,从而早日实现从知识到技能的过渡。

3.1 室内居住空间布局

随着经济的发展和生活水平的提高,人们对家居环境的要求越来越高,越来越重视居住空间布局。居住空间布局是将技巧、艺术、科学融为一体,与各种居住因素有机结合,与业主的生活相协调的一种设计方案。它因主人的习惯、职业、性格、爱好的不同而不同,并非千篇一律。室内空间的布局方式直接影响到人的活动、心理及生理变化,合理的布局安排才能更好地体现"设计为人"的服务宗旨。

一、室内设计空间布局的要点

1. 满足业主需求

合理的布局设计是整个设计方案的核心。设计师在规划方案时,应倾听业主意见,将业主的想法与实际户型相结合,采取科学的设计方法。如何满足业主的第一需求,是设计师首先要考虑的问题。

2. 考虑到安全性

所有装饰物、家具、电器等物品的摆放及安装都要保证人身安全,不能存在安全隐患。

3. 做到比例适度，房间舒适明亮、通风透气

居室是居住生活的地方，各部分设计都要以此为出发点，方便人的各类活动，减轻居住负担，营造舒适明亮、通风透气的居住空间。

4. 有效利用室内空间，减少浪费

居住空间不论大小，都要有明确的活动路线和足够的活动空间，最大限度满足业主生活的便捷性，使活动路线及活动空间科学合理。

5. 做到布局新颖、美观

布局新颖、美观可以给业主以心理、情感、视觉上的满足。要做到布局新颖、美观，不仅要按设计师的审美观进行艺术设计，最主要的是要反映居室业主的需求及审美观，要对温度、湿度、照明、噪声等方面进行全方位地考虑。

6. 依照把卧室作为家庭中心的原则，合理安排起居的位置

在空间布局上要依照把卧室作为家庭中心的原则，合理安排起居的位置。各功能空间应有良好的空间尺度和视觉效果，功能明确，规划到位。

7. 颜色的调配，要适合人体的生理机能

室内颜色要有主次，不宜过多，多则乱。只有色彩搭配和谐才能烘托出室内环境的氛围，增添艺术气息。

8. 家具的选择应注意活动需要

家具的选择与组合，取决于家庭群体活动的需要以及空间条件。选择适合环境风格的家具，对住宅的布局设计起着关键的作用。

二、提升室内平面设计方案的五大要素

房屋购买之后，需要对室内进行一定的装修和布置。多数业主对于装修专业知识的了解匮乏，所以更要学习室内装修平面方案设计的注意事项。本单元通过五个维度详细分析如何做好室内装修平面布局。

1. 平面方案的大局观

要对方案的全局进行分析，然后再对方案的全局进行若干判断。

首先看动线是否合理。动线就是房子的行人通道路线。不同区域连接的合理性主要取决于动线的安排。要确保家中的成员在家里发生任何的实际位移都是方便的。平面布局要遵循简约的线条原则。再创新的设计，如果线条太绕，就不会是一个好的设计。好的动线不但可以提升户型的利用率，而且可以提高居住的舒适度。相反，差的动线则会浪费户型空间，降低居住的舒适度。

其次看是否过于拥挤和浪费。为了保证活动方便，应避免居住动线、访客动线、家务动线之间产生交叉关系，使得每个区域都能形成一个独立的空间，划分不同功能区域（图3.1-1）。

最后看功能分区是否合理。动区包括客厅、餐厅、厨房等，静区包括卧室、书房等，动静两区是否科学分开（图3.1-2）。

2. 采光通风及自身条件优化

观察光线进入室内的朝向。一般主卧和起居室都是朝向正南的，直接采光肯定比间接采光好，如果方案中客厅和主卧还出现间接采光，若不是迫不得已，肯定不是一个理想的方案，还需稍加斟酌。厨房、卫生间等空间可以考虑北面，厨房不能没有采光，卫生间则可以支持无采光设计。通风是另一个重要因素，南北通透的房子因为通风带来更好的舒适度。一居改两居、两居改三居等情况，若牺牲了通风，其实是得不偿失的。所以，在方案构思阶段要尽可能地利用或优化通风（图3.1-3）。

010 居住空间设计与施工

图 3.1-1 居住空间动线

图 3.1-2 居住空间功能分区

图 3.1-3 居住空间通风采光示意图

3. 房间的比例及主次关系

要考虑每个独立空间在整个平面图中所分配的空间大小是否均匀，比如不能出现厨房比餐厅大，餐厅又比客厅大这种不合理的分配。另外，在这个前提下还需要考虑主次关系，比如客厅要大于餐厅，主卧室要大于次卧室且大于书房等（图3.1-4）。

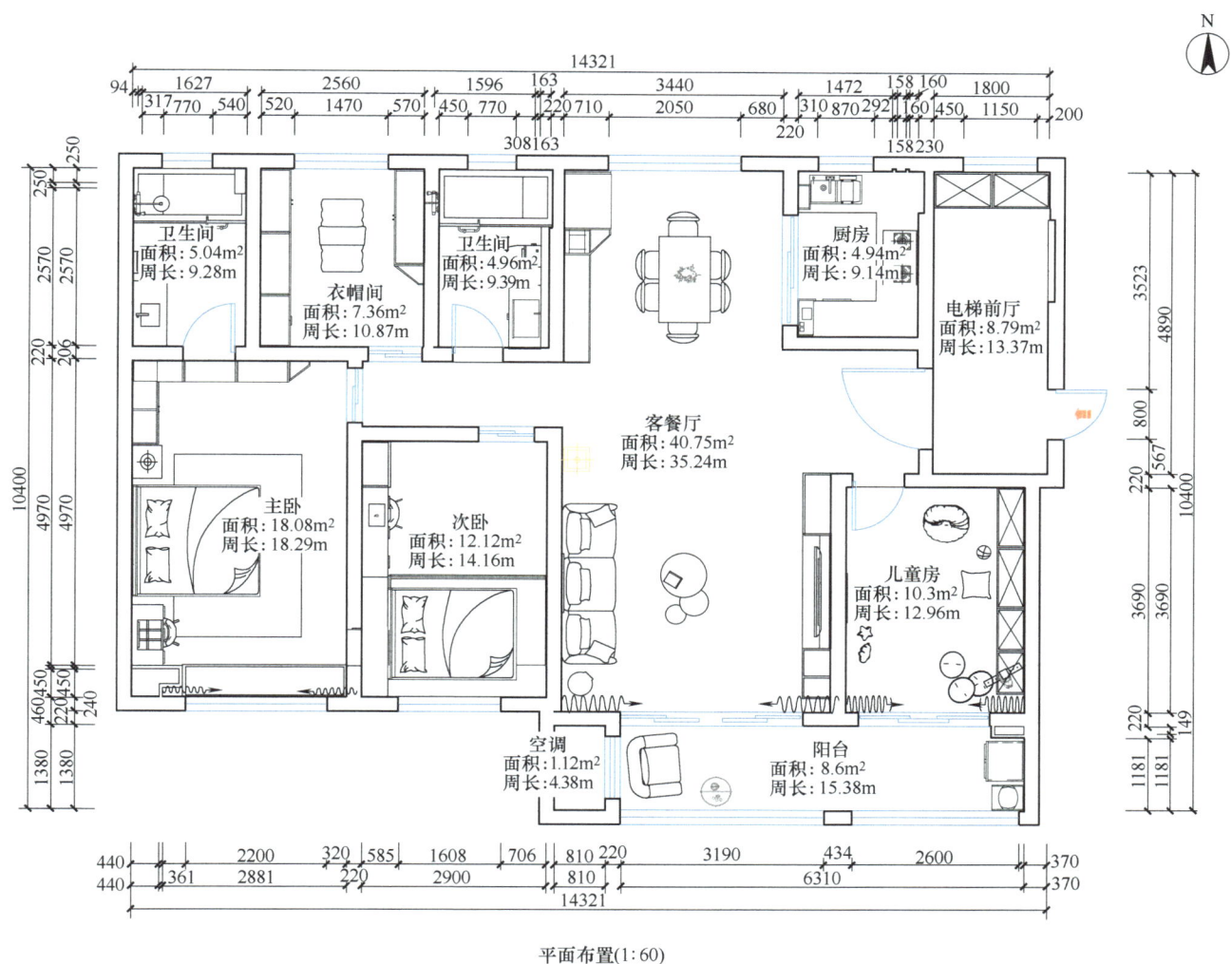

平面布置(1:60)

图3.1-4 居住空间平面布置图

4. 从平面到三维空间的推敲

不要孤立地去看平面方案的效果，更要从空间的角度去考虑立面甚至是三维空间的视觉体验。由于立面的造型更适合观赏，很多设计者会使用设计软件来辅助设计方案，其中有一部分是基于对平面的反推而设计的。有些平面布局设计很有个性，到了三维空间却非常混乱，不能落地。所以，需要培养立体空间的思维。通常设计大师都会手绘出平面，构思空间（图3.1-5）。

5. 空间层次：从整体到细节，再回到整体

设计应以空间的气势为主，气势的表现主要从细节入手，优秀的设计都是有气场、有意境、有空间的。应对完成的设计方案进行整体审查，审查空间是否完全统一；元素风格、造型是否协调统一；平面的概念方案是否考虑到了与立面的呼应；立面与顶部、顶部和地面有什么联系（图3.1-6）。

随着生活水平的不断提高，业主对居住室内空间布局设计越来越重视。要在"以人为本"的住宅设计前提下，准确地把握业主的生理与心理需求，设计出实用、舒适、美观、符合长期生活居住要求的家居环境。

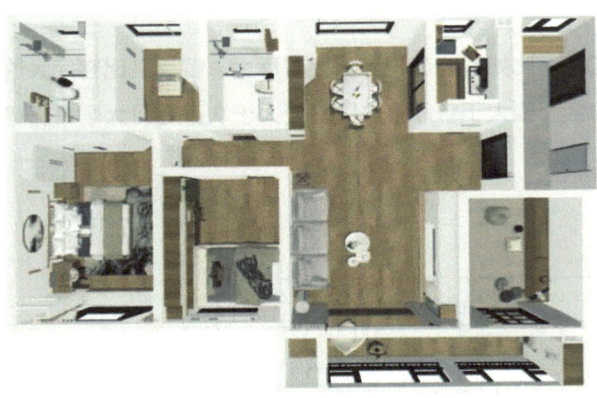

图 3.1-5　居住空间鸟瞰图

图 3.1-6　居住空间装饰效果图

【练习】

1. 室内设计空间布局的要点有哪些？
2. 室内设计优秀平面方案的五大要素是什么？

居住室内空间布局

3.2　家装项目平面布置设计（案例）

一、住宅及业主的概况

项目类型：15 层住宅新房交付（图 3.2-1），项目面积 155m² （四室两厅一厨两卫）（图 3.2-2）。

居住成员：一对夫妻，两个孩子（3 岁、1 岁），一方父母偶尔来帮忙照顾孩子（共一家六口）。

空间需求：客餐厅、厨房、双卫生间、两间卧室、洗衣晾晒区、办公区、儿童游戏区、独立衣帽间。

图 3.2-1　项目建筑效果图

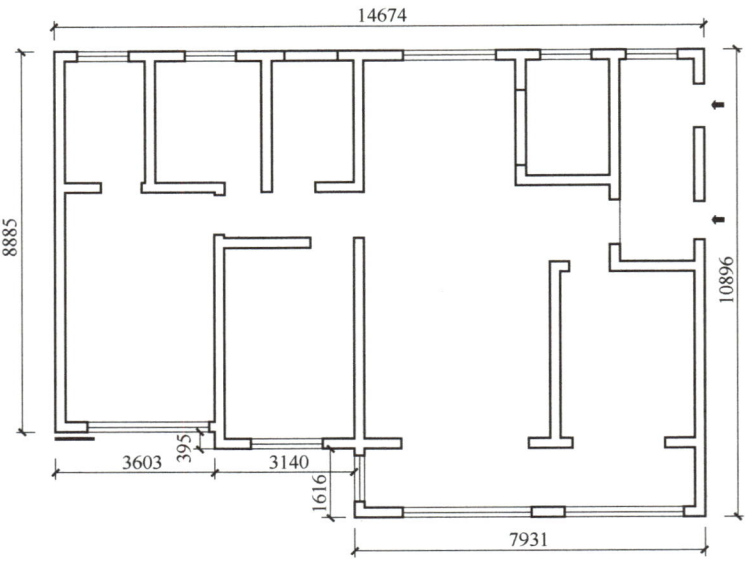

图 3.2-2　项目原始墙体图

二、业主需求

本案中家庭成员是一家六口，房子主要是夫妻二人及两个孩子居住，家中父母有时会过来帮忙照顾孩子。随着家里人口的增多以及原来的住宅生活物品不断堆积，原先的空间已经没办法满足六口之家的生活需求了，所以业主在新房中希望重点解决以下问题：

1. 晾晒问题

业主之前住宅的阳台实用空间不大，所以经常见到家里每个地方都挂着晾晒衣物，凌乱且难看。新房要重点解决洗衣机晾晒问题。

2. 收纳问题

业主之前住宅没有考虑到以后的长远生活收纳问题，随着时间的推移，家里的各种物品也越来越多，堆积杂乱。希望解决生活收纳问题。

3. 风格问题

业主之前住宅的装修风格偏花哨与琐碎，不太符合当下的审美标准及品质追求。新房装修希望提高审美标准及品质，业主比较喜欢自然的原木极简风。

4. 空调问题

业主因不想压缩房间层高，不做复杂吊顶，所以不安装中央空调。客厅安装立式空调，其他房间安装挂机空调即可。

5. 房间规划问题

因家中有两个孩子，业主希望给宝宝有独立的游戏和阅读空间；要求设计独立的办公及储物空间；因入户门玄关位置很窄，无法做入户鞋柜及挂衣区，希望解决入户鞋子及外套收纳问题；解决主卧卫生间正对卧室床的问题；房间布局比较合理，业主希望尽量不要砸墙，节约成本。

三、项目平面布置优化

1. 平面布置分析

通过对开发商提供的平面布置图分析（图3.2-3），本案为四室两厅两卫一厨的空间，南面向阳的四间为卧室加客厅，北面五间为书房、餐厅、厨房、两个卫生间，平面布局整体较为合理。缺点是厨房面积较小，玄关区域较窄，并且主卧卫生间正对房间。开发商提供的平面图中虽用衣柜在卫生间门和床之间进行了分割与遮挡，但严重破坏了空间的整体感，感官上主卧面积缩水严重。

2. 平面布置优化

在了解业主要求及需要解决的问题后，在开发商提供的平面布置图的基础上进行了优化设计（图3.2-4）。本案住宅为一梯两户，电梯双面开门，每户都有独立电梯厅，对此空间充分进行了利用。将南向东侧的一间卧室改为儿童房，南向西侧次卧改为办公与卧室综合区，阳台东侧一半设置洗衣晾衣区，北面书房整体改为衣帽间。

图 3.2-3　开发商提供平面布置图

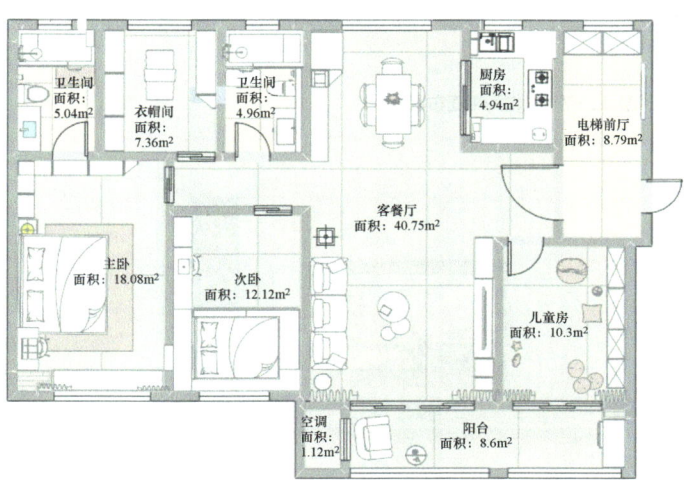

图 3.2-4　平面布置优化图

(1)晾晒优化设计　在阳台东侧设计了洗衣晾晒区(图3.2-5),顶部安装隐形电动晾衣架,既不影响客厅与阳台的整体美观性,又完美解决了家庭洗衣晾晒上的问题。安装定制衣柜将洗衣机嵌入其中,又把电热太阳能安装在了橱柜中,其余橱柜还能收纳卫生工具及杂物,实用的同时也保证了整体极简的设计风格(图3.2-6)。

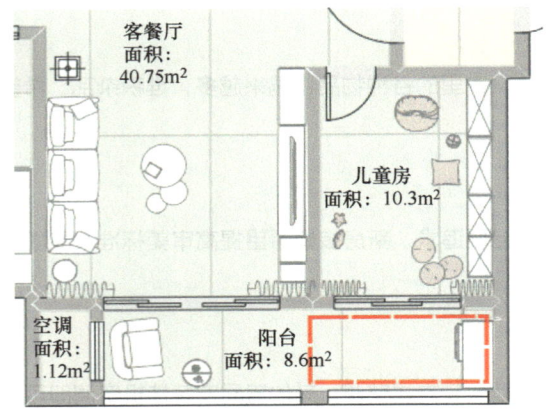

图3.2-5　阳台平面布置图

图3.2-6　阳台效果图

(2)收纳优化设计　将北面书房整体改为衣帽间,东西两侧均设计安装I形定制衣柜,中间放置沙发凳,充分解决业主的收纳问题(图3.2-7)。一般来说,衣帽间的面积在4m²以上,就可以保证居住者自如进行衣物搭配和收纳。对衣帽间的功能区进行合理地划分是非常重要的,一般包括被褥区、悬挂区、叠放区、鞋袜区和裤架区等。布局选择应根据项目实际,布局一般有U形、L形和I形。对于面积较大的正方形空间可以选择U形布局,宽长形空间选择L形布局,狭长形空间选择I形布局(图3.2-8),合理的布局会使衣帽间的整体空间和使用效率得到提升。为了更好地改善业主收纳,在电视机背景墙及卧室空间内也设计了整体定制橱柜,用于收纳不同类型的物品,使空间看起来更加干净整洁,更充分地体现业主要求的极简设计(图3.2-9、图3.2-10)。

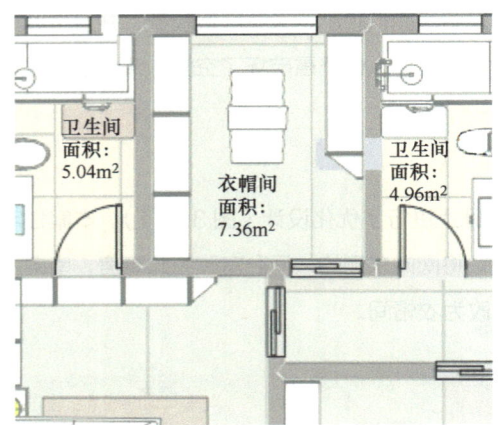

图3.2-7　衣帽间平面布置图

图3.2-8　衣帽间效果图

图3.2-9　客厅电视机背景墙效果图

图3.2-10　主卧效果图

（3）风格优化设计　室内整体设计摒弃了繁杂的装饰，采用简单利落的线条，清新而明亮。整体以白、木为基础色，给人雅致、明亮、大气的既视感，浅灰色沙发为空间点缀，氛围舒适自然。地面选择木纹砖，纹理自然美观，让人可以时刻感受大自然的气息，使人身心愉悦。沙发选择布艺，材质的柔软感与木地板相呼应，给人一种和谐舒适的感受。整体设计充分体现了原木极简的设计风格（图3.2-11）。

（4）空调优化设计　业主不想设计影响房间层高及顶部整体简洁性的复杂吊顶，因此就无法安装中央空调或风管机。为了保证房间的宽敞通透，在客厅选择了与整体风格相搭的白色立式空调（图3.2-12），其他卧室设计安装白色挂式空调（图3.2-13），既解决了空调问题，又降低了装修施工的成本。

图3.2-11　客厅效果图

图3.2-12　客厅空调效果图

图3.2-13　卧室空调效果图

（5）儿童房优化设计　将南向东侧的一间卧室改为儿童房，其中只设计了一排低玩具柜（图3.2-14），铺设地毯。玩具柜增加了收纳的同时还可以培养儿童自主收纳玩具的好习惯，地毯也提高了儿童玩耍时的安全性。随着孩子年龄的增长，此空间可以后期再设计安装适龄的家具，充分提高了空间的灵活性。推拉门与遮阳窗帘的设计提高了房间的私密性，创造安静氛围，保护儿童玩耍时的专注力（图3.2-15）。

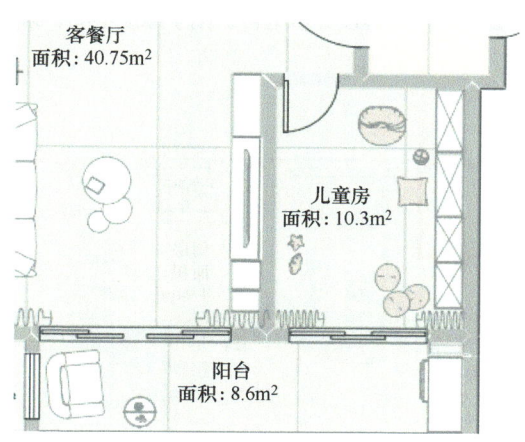

图3.2-14　儿童房平面布置图

图3.2-15　儿童房效果图

（6）入户收纳优化设计　入户门玄关区域很窄，并且玄关北面为承重墙不可拆除，所以无法做入户鞋柜及挂衣区。为解决入户鞋子及外套收纳问题，对独立电梯厅（图3.2-16）进行了充分利用，将入户鞋柜设计在了电梯厅北侧，将经常使用的外出鞋子与拖鞋放置于此柜，鞋柜上方有可开启的窗户，更好地解决了鞋类物品的通风问题（图3.2-17）。因此区域属于公共区域，所以将入户的挂衣区设计在房间内电视机整体定制衣柜的最左侧，拿取便捷且更安全（图3.2-18、图3.2-19）。在挂衣橱柜门里面设计安装穿衣镜，整理仪容更方便。

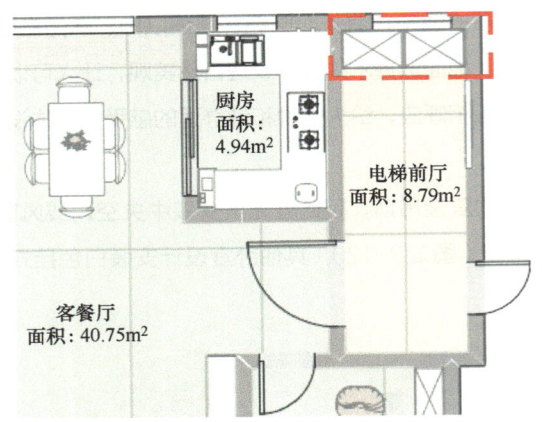

图 3.2-16　厨房平面布置图

图 3.2-17　电梯前厅效果图

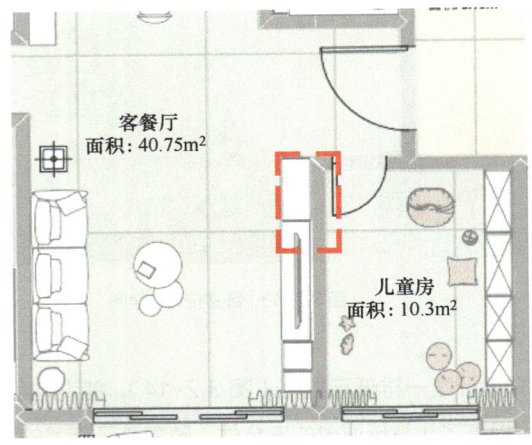

图 3.2-18　客厅平面布置图

图 3.2-19　客厅电视机背景墙效果图

（7）厨房餐厅优化设计　本案厨房面积较小，为保证厨房的有效收纳，厨房橱柜采用U形设计（图3.2-20），取消了冰箱的放置位置。将冰箱移至餐厅位置，设计定制柜体将冰箱嵌入（图3.2-21），旁边设计水吧台。由于厚度不同，采用斜柜连接，增加了收纳空间同时又保证了整体极简风格的统一（图3.2-22）。

图 3.2-20　厨房效果图

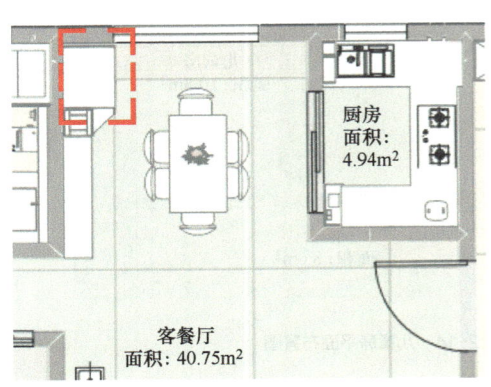

图 3.2-21　餐厅平面布置图

（8）次卧空间优化设计　因老人有时会来照顾孩子，所以南向次卧改为办公与卧室综合区。一家四口时两位业主可居住在主卧，次卧为办公区使用；当老人来时，业主就可居住在办公与卧室综合区（图3.2-23），休息办公两不误。老人居住在主卧使用主卧卫生间既方便又有一定的私密性，与业主互不打扰。办公与卧室综合区整体定制柜体，节约空间的同时也提高了住宅的整体收纳功能（图3.2-24）。

图 3.2-22 餐厅效果图

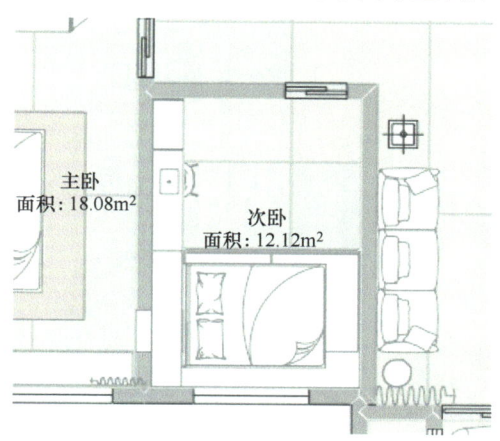
图 3.2-23 次卧平面布置图

（9）主卧卫生间正对房间优化设计　开发商平面布置图中解决方案用衣柜在卫生间门和床之间进行了分割与遮挡，但严重破坏了空间的整体感，感官上主卧面积缩水严重。本案设计中将衣柜安装在卧室的北墙，将主卫卫生间门与柜体契合在一起（图 3.2-25），不但解决了卫生间门正对卧室床的问题，还使卧室空间更显宽敞通透。此处设计不仅完美解决了问题还没有影响主卧的收纳问题，通体柜门也更符合极简装修的风格要求。

图 3.2-24 次卧效果图

图 3.2-25 主卧效果图

【练习】

1. 简述衣帽间的功能分区。
2. 简述本项目平面设计中如何解决主卧卫生间正对床的问题。

家装项目平面布置设计

Chapter 4 单元四
居住空间功能区设计

单元概述

本单元详细介绍了居住空间中常见功能区的设计要求及装修设计注意细节，通过项目案例讲解各个功能区的装饰装修设计，配有案例图示说明，旨在解决家装项目中各种存在的装修设计问题。

学习目标

学生通过对居住空间中常见空间的设计要求及装修设计注意细节的深入学习，了解最符合社会潮流的设计理念，掌握居住空间设计要求的理论知识，将装修设计应注意的细节运用到设计实践中去。

4.1 客厅装修设计

客厅是家居中活动最频繁的一个区域，因此如何扮靓客厅空间就显得尤为关键。客厅需展示舒适温馨、休闲怡人的独特风格，展示户主的文化底蕴和生活品位，所以客厅代表着一个家庭的形象，又是接待来客、进行交流的空间。两种功能使客厅具有特殊的地位，所以客厅是家居设计中重点的装饰装修项目，既要考虑客厅本身区域空间的关系，尽量使客厅格局具有独立性，又要与其他区域的装饰风格遥相呼应。

一、客厅设计要求

1. 整体协调

注重整体的协调。注重家具的尺度，如沙发、茶几、陈列橱、家电的尺度等。协调性掌握不好会产生小气、不合比例或压抑的感觉。

2. 风格明确

客厅是家庭住宅的核心区域。现代住宅中客厅的面积最大，空间也是开放性的，地位也最高，它的风格基调往往是家居格调的主脉，把握着整个居住空间的风格。

3. 空间通透

不要安放太多的家具或摆满物件、陈列物品。物件太多令人感到窒息、拥挤或凌乱，要使空间显得通透而有序。

4. 保证隐私

符合隐私性的空间要求。避免打开电梯门时，户内一切被他人一览无余。

5. 分区合理

客厅要根据业主的需要进行合理的功能分区。如果常看电视，就可以将视听作为中心，来确定沙发的位置和走向；如果不常看电视，则完全可以将会客区作为客厅的中心。

6. 空间连贯

客厅除了要考虑本身区域所涉及的种种问题外，还要处理好进门的过道玄关与厨房、卫生间等其他空间的过渡关系，使之既具有自己的独特性，又与其他空间产生联系。

二、客厅装修设计注意细节

1. 家中地暖铺瓷砖效果更好

如果家中铺设地暖，不建议安装木地板。因为木地板散热不如地砖好，还容易变形，关键是冬季取暖加热后还会散发污染物。铺设地暖后应铺贴瓷砖，环保耐用，空间宽阔（图4.1-1）。若想追求原木风格可以铺贴木纹瓷砖，既能体现自然的感觉，冬天取暖又不影响温度，更好打理。

图 4.1-1　客厅瓷砖铺贴

2. 电线点对点布线

电路走线时，横平竖直走线造价高，且电线埋于地下并非可见物。若选择点对点布线，既能省钱，线路也更好排查（图4.1-2）。

3. 铝合金踢脚板更显档次

客厅的踢脚板尽量不用外露的瓷砖铺贴，外露瓷砖凸出的部分很容易落灰；用隐藏式的瓷砖踢脚板虽好看也很实用，但需要挖墙贴瓷砖，增加了施工成本，操作麻烦施工不安全。使用高度较小并且较薄的铝合金踢脚板会使装修显得更加高级并且更上档次，施工也更加简单，从而节约成本（图4.1-3）。

图 4.1-2　电线点对点布线

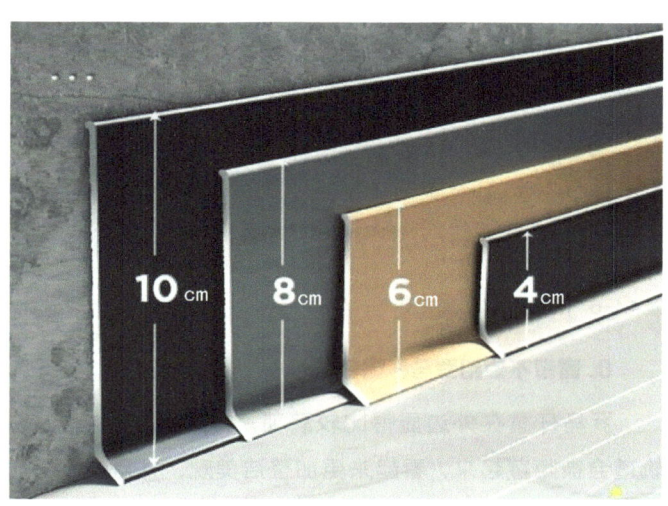

图 4.1-3　铝合金踢脚板

4. 封阳台建议取消客厅推拉门

阳台密封较好的前提下，客厅和阳台之间可以不装推拉门，空间更显宽敞明亮。瓷砖通铺到阳台，通风采光会更加理想。如果害怕冬季影响客厅温度，可在客厅和阳台之间安装厚一点的窗帘。瓷砖通铺后去掉了客厅和阳台的过门石，会显得空间更加敞亮（图 4.1-4）。

5. 封阳台用平开断桥铝窗

封阳台时不再使用推拉窗，因为推拉窗的密封性有待提高。安装大玻璃加平开窗断桥铝窗户，密封性能更好，隔热隔音效果更好，并且更加美观，提升了整体装修的高级感（图 4.1-5）。

图 4.1-4　客厅阳台通铺　　　　　　　　　　　　　　　图 4.1-5　断桥铝窗

6. 阳台晾衣架不安装在阳台中间

有条件的情况下，阳台晾衣架尽量不要安装在阳台中间，不但遮挡了风景和光线，也使得客厅空间显得比较杂乱。可以购买小型的晾衣架安装在阳台的侧边，晾晒衣物既不遮挡光线，客厅及阳台整体看起来也比较整洁美观（图 4.1-6）。

7. 吊顶不安装带灯槽二级吊顶

客厅吊顶不建议安装带灯槽的二级吊顶，带灯槽的二级吊顶不但降低了整个楼层的层高，灯槽内还容易积攒灰尘。做双眼皮吊顶不仅节约了成本而且更加美观，还可使整个客厅层高更舒适（图 4.1-7）。

图 4.1-6　阳台侧面安装晾衣架　　　　　　　　　　　　图 4.1-7　双眼皮吊顶

8. 窗帘不使用罗马杆窗帘

罗马杆露在外边显得比较繁琐，并且窗帘也会出现漏光的情况。做吊顶的同时预留出窗帘盒的位置，窗帘的轨道会被隐藏起来，看起来更加整洁美观，并且也不会出现漏光的情况，还可以在窗帘盒内隐藏电机安装电动窗帘（图 4.1-8）。

9. 中央空调与柜式空调各有利弊

中央空调的送风模式体验感较好，相较于柜式空调，中央空调的气流组织更好，室内的温度分布更均匀，总体感受上更加舒适（图4.1-9）。中央空调更加美观，隐藏性也更好。但中央空调需搭配吊顶安装，成本相对柜式空调要高，维修时不如柜式空调方便，但立式空调的柱形柜机设计也有待提高（图4.1-10），各有利弊。

10. 收纳型电视机柜更美观实用

不建议做复杂的电视机背景墙，复杂的电视机背景墙容易过时，造价还比较高。加强收纳功能就做定制的收纳型电视机柜，既能储物还提高了美观性，尺寸不会受到限制，整体性更强，方便摆放书籍，更提高了家庭阅读氛围（图4.1-11）。

图4.1-8 窗帘盒

图4.1-9 中央空调

图4.1-10 柜式空调

图4.1-11 收纳型电视机柜

11. 电视机下方插座安装在柜体内

电视机下方不建议安装插座，线路杂乱影响美观。在安装整体电视机柜前墙面开槽埋入PVC（聚氯乙烯）管，将插座移到下方的柜子里。电器设备可以直接放在柜子内，整体更美观（图4.1-12）。

12. 客厅不安装复杂的吊顶灯

客厅安装复杂的吊顶灯影响了层高，且吊顶灯使用久了还会显旧。安装明装的筒灯实现无主灯设计，或者直接安装简约吸顶灯，整体更显大气。

图4.1-12 插座柜体内安装

13. 客厅内尽量不选择贴壁纸或壁布

客厅内尽量不选择贴壁纸或壁布，壁纸或壁布使用时间久了容易起边，并且施工不环保。直接刷乳胶漆造价低也更环保，乳胶漆使用时间久了翻新处理也比较方便。

14. 客厅摆放简约小家具，空间更灵活

客厅面积有限时尽量不要摆放转角沙发与大茶几，占用空间且不简洁。可以直接摆放三人沙发与简约的休闲椅，外加方便移动的小茶几，布局更加灵活。茶几搬走后业主运动瑜伽、孩子玩耍更加方便，提高了客厅空间使用的多样性（图 4.1-13）。

15. 沙发茶几区不铺地毯

图 4.1-13　客厅家具

客厅中尽量不要在沙发茶几区域铺设地毯，时间久了地毯会积攒灰尘并且容易滋生螨虫，不铺地毯打扫卫生更方便。

【练习】

1. 居住空间客厅设计要求有哪些？
2. 简述中央空调与柜式空调利弊。

客厅装修设计

4.2　卧室装修设计

睡眠时间是恢复人体机能和精力的重要时间，一个人约 1/3 的时间是在睡眠中度过。卧室要创造安静轻松的环境，色彩要淡雅，灯光要柔和，才能保证人在睡觉休息时不受外界的影响。卧室空间不宜过大，床一般设置在最不受干扰处，这样才能令人安稳休息并具有私密性。一般家居的卧室除睡眠区域外，还有梳妆、收纳、休息等功能区。首先以睡眠区为主，其次再考虑其他功能区。梳妆台一般设置于床边，方便醒后使用。收纳区通常在房间的角落，设计中安排大橱柜，各类衣物有吊有挂，按季节、按家庭成员分类，随手可取，方便使用。卧室内的室内色彩设计要选择真正适合使用者的低纯度色，使人得到彻底的放松。

一、卧室设计要求

1. 私密性要做好

卧室是极为私密的空间，所以卧室装修要安静、隔音要好，可采用吸音性好的装饰材料；卧室门最好采用不透明的材料。

2. 设计要以床为中心，装修风格应简洁

卧室的设计重心就是床，空间的装修风格、布局、色彩和装饰等都应该以床为中心来展开。卧室的风格与情调不是由墙、地、顶等硬装修来决定的，而是由窗帘、床罩、衣橱等软装饰决定的。

3. 注重实用和舒适性，使用要方便

卧室要考虑收纳空间，不仅要大而且要使用方便。卧室里一般要放置大量的衣物和被褥，因此装修时一定要考虑大的收纳空间。床头两侧最好有床头柜，用来放置台灯、闹钟等随手可以触到的东西。有时，卧室还应考虑到梳妆台与书桌的位置安排。

4. 色调、图案应和谐

卧室的色调由两大方面构成，装修时墙面、地面、顶面本身都有各自的颜色，面积很大；后期配饰中窗帘、床罩等也有

各自的色彩，面积相对较小。这两者的色调搭配要和谐，要确定出一个主色调，比如墙上贴了色彩鲜丽的壁纸，那么窗帘的颜色就要淡雅一些，否则房间的颜色就太浓了，会显得过于拥挤；若墙壁是白色的，窗帘等的颜色就可以浓一些。

5. 灯光照明要讲究

尽量不要使用装饰性太强的悬挂式吊灯，它不但会使房间产生许多阴暗的角落，也会在头顶形成太多的光线，躺在床上向上看时灯光还会刺眼。最好采用向上打光的灯，既可以使房顶显得更高，又可以使光线柔和，不直射眼睛。

二、卧室装修设计注意细节

1. 地暖卧室铺瓷砖效果更好

有地暖的卧室内不建议铺木地板，冬天地暖一开木地板会变形，还有甲醛超标的风险。应铺贴瓷砖，瓷砖环保耐用，还会使空间显大。若想追求原木风格可以铺贴木纹瓷砖，既能体现自然的感觉，冬天取暖又不影响温度，打理起来更方便。

2. 卧室不装吊灯

卧室安装吊灯，显得压抑还容易存灰，并且不好打理。装个吸顶灯或明装筒灯，简洁又好看（图4.2-1）。

3. 床头的电源要留够

床头的电源一定要留够，床头灯、手机充电、小电器使用更方便。安装位置提前设计，防止被床头遮挡（图4.2-2）。

4. 卧室衣柜做到顶

卧室衣柜建议做到顶部，不容易留灰尘，整体看起来也更美观大方（图4.2-3）。

图4.2-1 卧室灯光设计

图4.2-2 卧室床头电源

图4.2-3 卧室衣柜

5. 衣柜的布局要合理

可以将衣柜分为长衣区、短衣区、被褥区、抽屉区、叠放区、裤装区，以便更好收纳。多做挂衣区，少做叠放区。挂衣区的衣物拿取方便，一目了然。

6. 卧室衣柜不装玻璃门

卧室衣柜不建议装玻璃门（图4.2-4），若衣物不经常打理会显得很难看。晚上醒来玻璃门会反射人影，使业主没有安全感。装平开门简洁大方、整体美观。空间不是特别小建议也不装推拉门，会占用衣柜空间，密封不如平开门好，轨道还会藏污纳垢。

7. 衣柜可选择低碳钢金属衣架

衣柜可以选择低碳钢金属衣架（图4.2-5），既环保无甲醛，又增加了挂衣空间，性价比更高。

8. 不做复杂吊顶

卧室层高一般不会特别高，不建议做复杂的吊顶，复杂吊顶会压缩空间，形成压抑氛围。做单眼皮或双眼皮吊顶石膏线（图4.2-6），空间更显宽敞还省钱。

9. 不装复杂的床头背景墙

卧室若装复杂的床头背景墙，既费钱又不环保。采用浅色乳胶漆墙面（图4.2-6），干净舒适，性价比高。

图4.2-4　卧室衣柜门

图4.2-5　低碳钢金属衣架

图4.2-6　卧室设计

10. 卧室安装断桥铝窗户

如卧室靠近马路或者是休闲广场，建议安装双层或三层玻璃断桥铝窗户，减少噪声。多层玻璃断桥铝窗户可使业主拥有安静的睡眠环境，居住体验更舒适。

图4.2-7　卧室空调正对床

11. 镜子不正对床

穿衣镜和梳妆台的镜子不建议正对着床。当业主从睡梦中醒来，在意识尚未清楚时，容易被映在镜子里的影像惊吓。

12. 卧室门优选磁吸静音门锁

卧室门尽量选择磁吸静音门锁，噪声小，能达到静音效果，晚上出入、关门不易被惊醒。

13. 空调出风口不要正对床

空调安装时出风口不要正对床（图4.2-7）。夏季晚上，若业主正对空调出风口的冷风，易生病且影响健康。卧室空调建议安装风管机或中央空调，挂式机管道漏在外边难看不美观。但风管机或中央空调需要搭配吊顶安装，成本比挂机高，各有利弊。

【练习】

1. 居住空间卧室设计要求有哪些？
2. 简述卧室铺贴瓷砖与木地板的利弊。

卧室装修设计

4.3　餐厅装修设计

餐厅在家居空间中具有重要的地位，餐厅解决的不仅是吃饭的问题，也是家人团聚、交流商谈的地方。随着生活方式和观念的转变，餐厅从客厅中分离出来，形成一个独立的有自身特点的个性鲜明空间。餐厅是进食的地方，厨房是食品加工的地方，气氛有相似之处。餐厅内一般使用暖色调，不使用色彩比较鲜艳的色调，暖色调能够营造独特的美食氛围。现在多数家庭将客厅与餐厅合二为一，这样可以在有限的空间条件下，利用互借而扩大视觉空间。但是在设计时还是要以客厅空间为主，餐厅空间为辅，应注意餐厅与客厅格调的一致性。

一、餐厅设计要求

1. 注重实效合一

餐厅设计时，应该注重实用和效果的结合。最重要的就是要先考虑实用性，在满足实用性的基础上再配置一些家具用品等，使餐厅更加美观和舒适。

2. 设计风格统一

设计必须确定统一的风格，切忌摇摆不定。无论是要设计成现代简约的、中式的、北欧的，还是轻奢的风格，设计之前一定要确定下来，不能在设计中一直犹豫，以致设计风格被弄得面目全非。

3. 符合业主喜好

要与业主的生活习惯、个人爱好相吻合。餐厅设计的关键在餐桌的选择上，一方面要与房屋的整体设计风格一致，另一方面也要考虑业主的喜好，这样才会营造出整个餐厅的氛围。

4. 注意色彩搭配

餐厅设计时应该考虑房间之间、房间和家具之间的色彩不能反差太大，更不能为了突出个性而忽视了颜色之间的搭配，所以在餐厅装修时可以选择暖色调的色彩。暖色调的色彩可以在无形中增加餐厅的气氛。

5. 灯光照明要讲究

尽量选择灯光柔和的灯具。在很多餐厅中，灯具都是以吊灯为主的。吊灯能够突出餐厅的氛围，灯光也较为柔和。不同的灯光亮度营造出来的氛围不一样，如果餐厅灯光比较刺眼，并且直射到人的眼睛，就会使人感觉不舒服，也会非常影响心情。

二、餐厅装修设计注意细节

1. 餐台选择要合适

对于餐厅装修来说，餐台的选择非常重要。在选择餐台时要了解业主真正的需要。餐台的形状有正方形、圆形、长方形，根据餐厅面积、布局、人数择优选择。

2. 座椅与餐台成套购买

选择餐台与座椅时要尽量成套购买，如分开购买还需要考虑到很多问题，例如高度、颜色、风格等，所以在购买的时候最好是成套购买。

3. 顶面装修要清新、素雅

餐厅顶面装修的时候要选择一些清新、素雅、洁净的材料，这样的材料能够带给用餐者亲切自然的感觉，同时也可增加食欲（图4.3-1）。

4. 做双眼皮或单眼皮吊顶

藏灯带的造型吊顶容易落灰还压低层高。用石膏板或石膏线做双眼皮或单眼皮吊顶，简单耐看还显宽敞（图4.3-1）。

5. 餐厅地面选光洁材料

餐厅地面选择表面光洁、容易清洗的材料，一般使用瓷砖、木板或大理石，不推荐用地毯等容易沾污油渍的装饰。

6. 餐厅选择暖色光源

图4.3-1 餐厅顶面设计

餐厅建议选择色温为3000k左右的暖色光源。暖色光源照射下，食物色相更好，也适合营造温馨氛围（图4.3-2）。

图 4.3-2　餐厅光源

7. 餐桌照明灯选择吊灯式筒灯

餐桌上的照明以吊灯为佳,也可以选择安装在天花板上的筒灯,烘托气氛。灯光设备注意不能直接照射在用餐者的头部,否则既影响食欲,又不雅观。

8. 建议安装整体餐边柜

安装整体定制餐边柜,还可以根据个人喜好结合酒柜设计,上方吊柜更好利用空间增加收纳功能。中间设置开放空间,安装电源插座,放置水壶、咖啡机等家电,增加水路还可设置水吧台,更好地解决了厨房小不够用的问题。

9. 餐边柜不做开放式储物格

餐边柜不建议做开放式储物格(图 4.3-3),摆东西显凌乱,储物格还容易积灰,统一安装柜门更显整洁。餐边柜的地柜也可以选推拉门,减少空间占用。

10. 做高柜嵌入冰箱

做高柜嵌入冰箱,既美观又可以释放更多的厨房空间,上方还增加收纳功能。侧面做 45°角连接柜,内部安装层板,放置家电厨具很方便,整体也更大气(图 4.3-4)。

11. 在餐厅预留插座

在餐厅预留插座,烤肉和火锅爱好者用电方便,偶尔在餐桌办公也方便给笔记本电脑充电(图 4.3-5)。

图 4.3-3　开放式储物格

图 4.3-4　高柜嵌入冰箱

图 4.3-5　餐厅预留插座

【练习】

1. 居住空间餐厅设计要求有哪些?
2. 简述餐厅光源应如何选择。

餐厅装修设计

4.4　厨房装修设计

厨房是家庭设备最杂乱、生活用具最多、使用频率最高的地方。概括地说,它需满足存放与使用功能、洗刷存储功能、备料烹饪功能。应根据备餐的实际要求以及排除废气、卫生等方面的要求,对设备进行合理地设置与安排。厨房一般采用 L 或 U 形布局,使操作流程更加合理,以减轻业主在操作中的劳动强度,更方便地开展储藏、洗刷、备料、烹饪等操作。厨房设计风格应与餐厅、客厅的效果同步协调。

一、厨房设计要求

1. 操作平台高度因人而异

在厨房里干活时,操作平台的高度对防止疲劳和灵活转身起到决定性作用。操作平台高度要依照业主身高来决定。

2. 灯光布置合理

厨房灯光需分成两个层次:一个是对整个厨房的照明,一个是对洗涤、准备、操作的照明。后者一般在吊柜下布置局部灯光,设置方便的开关装置,使厨房台面更明亮。

3. 电器嵌在橱柜中

新房的厨房设计中,可因每位业主的不同需要,把相关厨房用具布置在橱柜中的适当位置,方便开启、使用。

4. 厨房矮柜设计抽屉

厨房里的矮柜最好做成有推拉式抽屉的形式,这样方便物品的取放,视觉效果也更好。

5. 注意孩子的安全防护

厨房里许多地方要考虑到防止孩子发生危险,如台面上设置必要的置物架以防止锅碗落下,尖刀等器具应摆在有安全措施的抽屉里。

6. 垃圾摆放方便、隐蔽

厨房里垃圾量较大,气味也大。垃圾桶要设计在方便倾倒且隐蔽的地方。

二、厨房装修设计注意细节

1. 厨房动线设计要合理

按照洗、切、炒、盛四个步骤合理规划(图 4.4-1)。有条件的情况下,合理的动线应按照冰箱、洗菜盆、操作台、油烟灶的顺序布局,正确的动线布局可以使业主在厨房中的操作更加顺畅。

2. 确定嵌入式电器

厨房装修前期一定要确定好购买哪些电器,尤其要确定嵌入式的电器(图 4.4-2)。确定好电器种类才方便设计电源插座与厨房柜体。千万不要盲目开工,避免造成不必要的返工。

图 4.4-1 厨房动线设计

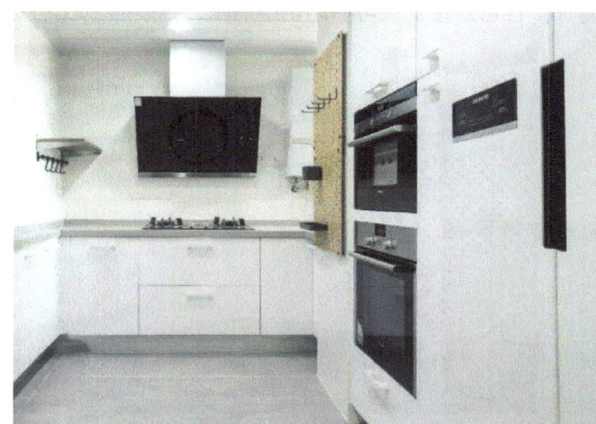

图 4.4-2 嵌入式的电器

3. 不建议设计开放式厨房

因中式菜肴在烹饪过程中产生的油污较大,虽有抽油烟机抽吸,但是仍会有害物质进入其他空间。可安装玻璃推拉门,餐厅与厨房的视觉空间因此既得到了延伸,又能有效隔绝油烟(图 4.4-3)。

4. 建议安装推拉门

厨房门的尺寸允许时，不建议安装平开门，安装推拉门更节省空间。推拉门建议安装吊轨门，下方无滑轨，方便清洁打扫（图4.4-3）。如追求更稳固、更好的密封性，可以安装带地轨的推拉门，但一定要安装外凸地轨，外凸地轨不存灰好打理。

5. 厨房餐厅瓷砖通铺

厨房不建议安装过门石。瓷砖通铺过去，视觉空间大，大气又美观（图4.4-4）。

图4.4-3　厨房玻璃推拉门

图4.4-4　厨房餐厅瓷砖通铺

6. 厨房的防水不是必须做

有地漏的厨房（图4.4-5）做防水后，防水措施可起到一定作用，没有地漏的厨房做防水会使水蔓延到餐厅，对楼下的房屋影响更大。

7. 厨房墙砖建议选光滑瓷砖

厨房选墙面瓷砖时，如果选择小砖，建议选纯色不带花纹的，表面光滑的瓷砖整体显得干净又好打理。不建议选择仿古砖或者是哑光砖，这些砖上的油污不易清理。

8. 厨房台面上方建议多预留插座

厨房台面上方要多预留插座，至少四个，并且建议是带开关的五孔插座，电器使用时不用经常拔插，以免影响插座使用寿命。也可直接安装可移动轨道插座，免拔插，取电灵活，安装方便（图4.4-6）。

图4.4-5　厨房地漏

图4.4-6　可移动轨道插座

9. 厨房吊柜做到顶

厨房橱柜的设计一定要考虑吊顶高度，厨房吊柜建议做到顶（图4.4-7），不留卫生死角，不然吊柜上方容易留存污渍。

10. 水龙头与厨房内开窗避免冲突

厨房洗菜盆水龙头高度较高时，一定要提前考虑水龙头与厨房内开窗是否冲突。水龙头位置需提前确定好，水龙头建议选择抽拉式的，方便冲洗且水龙头本身更加干净（图4.4-8）。

图 4.4-7　厨房吊柜

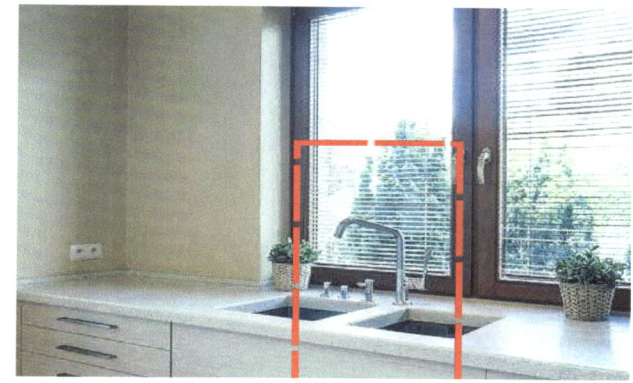

图 4.4-8　水龙头与厨房内开窗

11. 洗菜盆建议做台下单槽大盆

洗菜盆建议选择304不锈钢材质，该材质不易生锈。单槽大盆比双槽盆洗刷锅具更方便。做台下盆（图4.4-9），清理台面和存水方便，台下盆下方安装卡扣更加牢固，台中盆需要打胶，容易发霉开裂。

12. 不建议选择黑色水龙头及洗菜盆

厨房不建议选择黑色水龙头及洗菜盆，黑色水龙头及洗菜盆容易留白色水垢，还显得破旧。洗菜盆及水龙头建议购买质量好的。

13. 洗菜盆下方预留电源插座

洗菜盆的下方至少预留两个电源插座（图4.4-10），方便安装垃圾处理器及饮水净水器。

14. 切菜区建议预留电源安装灯槽

切菜区安装灯槽可以使切菜操作在更加明亮安全的环境下进行（图4.4-11）。

图 4.4-10　洗菜盆下方电源插座

图 4.4-9　台下单槽大盆

图 4.4-11　切菜区安装灯槽

15. 烟道排气孔建议安装止逆阀

烟道的排气孔建议安装止逆阀（图4.4-12），防止邻居家的油烟返进厨房内。如安装整体集成油烟灶还需将烟道上方预留的排气孔堵住，在烟道下方重新开口（图4.4-13）。

图4.4-12 烟道止逆阀

图4.4-13 集成油烟机及其排气孔

16. 橱柜建议使用实木多层板

厨房的集成橱柜建议使用实木多层板，实木多层板的防潮性能更好。橱柜的门板建议选择高光板，高光板既耐刮又耐磨，清理卫生更方便。

17. 厨房台面首选石英石

厨房的台面建议首选石英石（图4.4-14），耐磨不易留污渍。石英石建议选择厚度为2cm的，更加耐用。台面下方要安装衬板，防止后期发生断裂。

18. 建议安装前置过滤器

前置过滤器（图4.4-15）可以对进水进行粗过滤，保护洗衣机、花洒、坐便器、太阳能等涉水家电。

图4.4-14 厨房石英石台面

图4.4-15 前置过滤器

厨房装修设计

【练习】

1. 居住空间厨房设计要求有哪些？
2. 简述应如何合理设计厨房动线。

4.5 书房装修设计

书房，在古代被称为书斋，是住宅内一个独立的房室区域，亦是提供给居住者平日阅读、自习与工作之用的场所。近年来因科技时代发展，书房内逐渐加入计算机、电子书阅读器等科技产物，进而与时俱进地改变了书房的使用状态。在现代生活中，看书、学习、办公已成为家庭生活的一部分，设置一间书房或工作室已成为一种时尚。书房的设计应该作为住宅整体设计方案的一部分进行统筹考虑，根据户主的工作性质、职业特征、住宅使用面积来确定。书房的设置是为了适应工作与学习的需要，只有根据对象有针对性地设计，才能更好地体现书房活动空间的价值。

书房设计应考虑以下几个方面：

1. 营造安静环境

书房需要营造一个安静的空间环境，一般面积在 $12m^2$ 以内为宜，太大的书房则容易分散注意力。适宜的书房可以减少人为的走动和干扰，营造安静的环境。

2. 与整体风格统一、布局和谐

书房的装修风格除了要考虑与室内整体装修风格统一，还需要考虑书房的功能设计，从而营造清雅舒适的空间氛围。无论是墙面、顶面、窗帘还是家具都应该是和谐统一的布局。

3. 绿色装修

当今业主在装修中越来越追求环保，绿色装修成为一种趋势。书房设计时，由于藏书、阅读的要求，家具均需大量采用木质材料，选择环保的家居材料是比较重要的。施工时宜选用环保与再生建材，达到绿色装修的效果。由于书房的空间比较小，使用的家具又会比较多，书房材料的环保与否也会影响到身体健康。此外书房内也可通过绿色植栽，达到保护眼睛以及净化空气的效果（图4.5-1）。

4. 良好的通风条件

书房装修必须考虑到通风条件，这不仅是因为健康的需要，也因为计算机等设备工作后需要通风散热。此外，空气流通还有利于调节书房的湿度，有利于保护书籍。所以设计和装修书房时，不能选择无法进行空气对流的空间。

5. 光线布局与强度

书房的光线不能太强，如果在光线强烈的环境下读书，容易让人感到视觉疲劳。时间长了容易产生头晕目眩的感觉，有损视力；同时光线也不能太暗，太暗的话会产生用眼过度的情况，对视力也是不利的。灯的数量也不要太多，容易让书房中的人精神恍惚，影响学习。书房内要设有台灯和书柜用的射灯，便于阅读和查找书籍（图4.5-2）。

6. 色彩应柔和

书房的主要作用在于让人安心阅读或静心工作，因此书房的装饰物不宜过多，颜色也不宜太过跳跃，最好以素色为主（图4.5-3），否则容易扰乱使用者的注意力，使其无法保持安静。红色、橘色这样的颜色很容易让人心浮气躁，不适宜应用在书房这样的空间内。

图 4.5-1 书房绿色装修

图 4.5-2 书房灯光设计

图 4.5-3 书房色彩设计

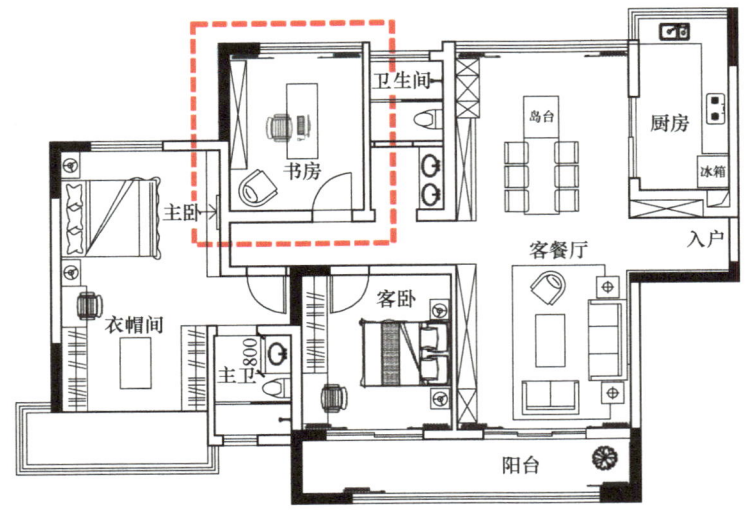

7. 位置选择

不论是读书还是工作、学习，都需要绝对安静的空间，因此书房应当保持环境的静谧，最好可以远离客厅和厨房（图4.5-4），如果可选择的余地比较小，不能做到空间上的远离，也可以为房间做些隔音措施，比如张贴隔音膜、隔音条等。

8. 家具符合人体工程学

书房家具是书房非常重要的一个组成部分，其中书橱、书桌、椅子等都是书房不可缺少的家具。书房选择的家具应该符合人体工程学，并与在书房中活动的范围相适应，同时需要根据人体各部分的尺寸和在使用家具时的姿势来确定书房家具的结构和尺寸以及摆放位置。

图4.5-4 书房位置选择

书房装修设计

【练习】

1. 居住空间书房设计要求有哪些？
2. 简述书房位置的选择依据。

4.6 卫生间装修设计

卫生间就是厕所、洗手间的合称。住宅的卫生间一般有专用和公用之分。专用的卫生间只服务于主卧室；公用的卫生间与公共走道相连接，由其他家庭成员和客人公用。住宅卫生间空间的平面布局与气候、经济条件、文化、生活习惯、家庭人员构成、设备大小和形式有很大关系。因此布局有多种形式，可分为独立型、兼用型和折中型三种，还可分为半开放式、开放式和封闭式，比较流行的是干湿分区的半开放式。卫生间包括浴室与厕所两种功能，是家庭生活中的重要场所。色彩应运用得当、整洁雅致、清新舒适。卫生间的装修不仅要好看，更要讲究实用性。因此在装修卫生间时，需要多考虑实用性，尽量做到面面俱到，才能让使用效果更好。

一、卫生间设计要求

1. 使用功能

卫生间的面积一般较小，设有坐便器、洗脸盆、浴缸或淋浴房，因此首要的是注意整体布置是否合理，是否充分利用了空间。一般卫生间将功能区域分为湿区与干区两大部分。湿区设有淋浴或浴缸等设备，干区设置坐便器、洗手台等。

2. 安全使用

卫生间中电器设备较多，安全是非常重要。卫生间内的照明排风扇、电热水器等都需要高度注意用电安全。由于卫生间内比较潮湿，电器、插座与照明之类的设备都应采用防水防潮、防锈蚀的产品，电器的插座都应有防水盖板装置。

3. 方便清洁

卫生间用具多，功能也多，因此特别需要卫生干净。卫生间地面与卫生洁具之间的连接处不能形成死角，须向地漏或排水处略微倾斜，方便洗刷清扫。清洁工具要有放置的地方，使其整洁不凌乱。室内墙面、地面的材料须选择防水防潮、易清洁、耐腐蚀的装饰材料。

4. 通风设施

卫生间应具备良好的通风条件，在墙体或天花板上应安装卫生间专用的排风扇，以保持室内清洁、无异味。

二、卫生间装修设计注意细节

1. 下水管道包隔音棉

卫生间下水管道建议包隔音棉（图4.6-1），无论是大管或是小管都建议包。隔音棉的厚度尽量选择2cm以上的，隔音效果更好，避免晚上楼上卫生间的水声影响睡眠质量。

2. 水管、电线布置于棚顶

卫生间中的水管、电线建议布置于棚顶（图4.6-2），发现问题的时候拆掉集成吊顶，维修更加方便。如布置于地面以下则需要敲掉地砖和水泥层才能维修。

3. 悬空式洗手台做墙排式下水

悬空式洗手台建议做墙排式下水（图4.6-3），这样洗手台下不会留卫生死角，方便打扫。改墙排式下水时，地面建议再留一个地漏，发生堵塞时方便疏通。如果安装落地式洗手台就不需要改墙排式下水，直排下水更通畅。

图4.6-1　下水管道包隔音棉

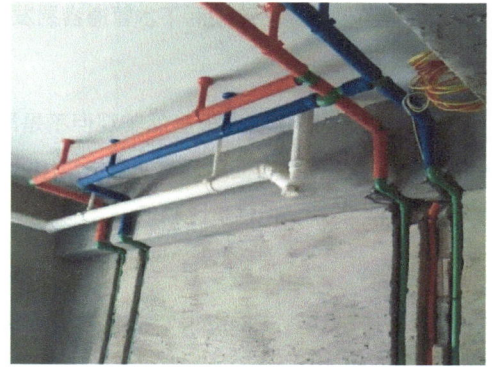
图4.6-2　水电管线走棚顶

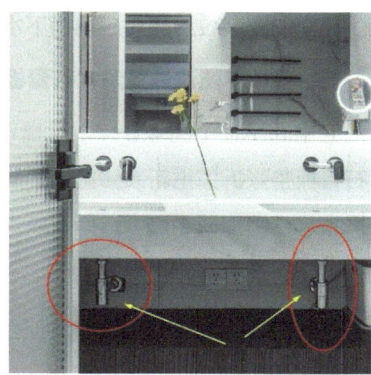
图4.6-3　墙排式下水

4. 镜面位置预留电源

洗手台上方镜面位置建议预留电源，方便安装智能镜。尽量安装智能镜吊柜，增加收纳空间，整洁美观，方便业主拿取化妆品。

5. 建议选择陶瓷一体盆

洗手盆尽量选择陶瓷一体盆，陶瓷一体盆不会积水且不会产生卫生死角，方便擦拭。

6. 马桶旁预留电源

马桶旁建议预留电源，方便安装智能马桶（图4.6-4）。马桶上方也建议预留电源，方便安装电热毛巾架。

7. 暖风浴霸安在淋浴区外

暖风浴霸要装在有玻璃隔断的淋浴区外面（图4.6-5），不然业主洗澡时风吹在身上会很冷。暖风浴霸装在淋浴区外边，业主洗澡后走出淋浴区域感觉更舒适。

图4.6-4　马桶旁预留电源

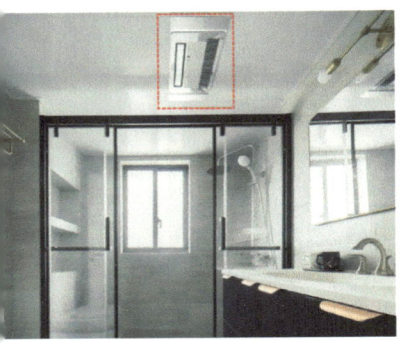

图 4.6-5 暖风浴霸安装位置　　　　图 4.6-6 卫生间扶手

8. 马桶旁安装扶手

有条件的情况下尽量在马桶旁安装扶手（图4.6-6），方便老人或者是孕妇使用，增加安全性。

9. 五金件建议选购品牌商品

水龙头、花洒、地漏等五金件建议选购质量好的品牌商品，价格低廉的商品损坏的概率更高，更换起来费钱费时间。尽量不要购买黑色的五金件，黑色五金件容易留下水渍还不耐脏，时间长了显得破旧。

10. 玻璃胶建议购买品牌商品

马桶、洗手盆等安装需要使用玻璃胶，玻璃胶尽量购买质量好的，质量差的玻璃胶时间一久容易发霉发黑。

11. 玻璃平开门向外开

卫生间安装玻璃隔断平开门时建议选择能向外开的，有人晕倒或出现意外情况时容易施救。

12. 马桶位置尽量不改动

马桶的安装位置要对应马桶下水管道，尽量不要改动，改动后下水管道容易发生堵塞。

13. 吊顶不建议选择防水石膏板

卫生间吊顶（图4.6-7）尽量不用防水石膏板，防水石膏板虽然美观但不是最优选择，如果顶部出现漏水问题需将防水石膏板整张拆掉重新装修施工。防水性能最好的还是铝扣板吊顶，如感觉常用的30cm×30cm铝扣板吊顶不美观，可以选择大尺寸铝扣板。也可选择安装蜂窝大板，简洁美观，但性价比较低。

14. 防水要做好

无论开发商是否做过防水，卫生间内建议再做防水。地面选择柔性防水，墙面选择刚性防水。卫生间墙面防水湿区高180cm以上，干区高130cm以上，或者卫生间通刷180cm以上，防水效果更佳。防水完成后墙面一定要做拉毛处理，使墙面瓷砖更牢固（图4.6-8）。

15. 防水完成后做闭水试验

防水完成后建议做闭水试验，注水高度大于30mm，闭水时间要大于24小时，用卷尺测量水面高度，确定是否有漏水情况。

16. 卫生间不装木门

卫生间安装铝镁合金的玻璃门（图4.6-9），玻璃门可以防水防潮，更加耐用。安装长虹玻璃门时，建议选择超白长虹玻璃而不是普白玻璃。普白玻璃安装之后感观上会发绿，不够美观。

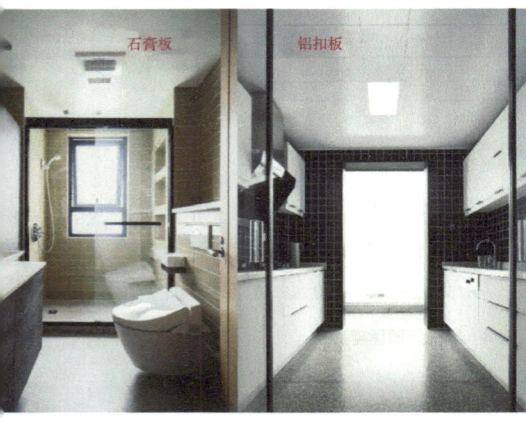

图 4.6-7 卫生间吊顶　　　　图 4.6-8 卫生间防水　　　　图 4.6-9 铝镁合金长虹玻璃门

17. 家具安装尺寸要合理

洗手台台盆宽度至少预留 60cm，台盆高度可设置 85cm 左右，洗手台上方插座要离台面大约 40cm。马桶前部空间区域要大于 45cm，两侧至少 20cm，马桶插座高度 30cm 左右。纸巾架高度大约 60cm，毛巾置物架高度 170cm 左右。淋浴房宽度至少 90cm，冷热水管间距 15cm，花洒高度 200cm 左右。

【练习】

1. 居住空间卫生间设计要求有哪些？
2. 简述卫生间家具安装应注意哪些尺寸。

卫生间装修设计

4.7 衣帽间装修设计

衣帽间指的是在住宅居所当中，供家庭成员存储、收放、更衣和梳妆的专用空间，主要有开放式、独立式、嵌入式三种。通常而言，合理的储衣安排和宽敞的更衣空间，是衣帽间的总体设计原则。衣帽间可由家具商全屋定制，也可由业主个人进行衣帽间定制。家居中的衣帽间给业主的生活带来许多便利，同时还会使在衣帽间中的人心情愉悦、更加自信，更可以成为家居设计中的亮点。

一、衣帽间设计要求

1. 摆放整齐

充分分析所放物体的尺寸大小，包括长、宽与重量等，常用的放在下部空间，备用的放在上部空间。此外，须考虑放置、拿取是否方便等问题，而后根据这些分析打造置物架分割图。

2. 保证五金件质量

五金件是保证质量的重要环节，如果只图一时便宜，就会给以后再维修造成麻烦。建议购买质量好的品牌五金件。

3. 留好尺寸

柜子与周边墙体之间最好要留出至少 5cm 的余量，便于实地安装。

4. 防潮处理

大多数建筑设计都会把衣帽间放置在与厨房、卫生间较近的地方（至少有一面墙靠近厨房、卫生间），防潮处理就显得特别重要了。

5. 空间合适

衣柜的形成方式通常有两种：一种是建筑本身分割出来的，一种是通过业主或设计师重新分割空间划分出来的。其实后者并不需要特别大的空间，够用就行。

6. 保证通风

装修衣帽间时还需考虑空气的流通，以免在潮湿季节发生虫蛀、发霉现象。

二、衣帽间定制衣柜的设计装修注意细节

1. 确定衣柜位置、面积

越来越多的业主之所以会选择定制衣柜，就是因为储存空间可以量身定制。先将衣柜的位置确定好，之后再将放置地方的面积、高度做出精确的测量后提交给制造方，以保证尺寸合适。

2. 根据衣物数量、种类设计衣柜

衣柜的功能性可根据个人或家庭的需要来调节。根据平时衣物的数量、种类等因素来设计衣柜的尺寸、高度及隔板的数量。

3. 定制衣柜与整体风格统一

定制衣柜的颜色建议用与室内装饰风格或其他家具统一或接近的颜色，材料选用也要与其他家具的材料相近，以保证家具风格的协调性。

4. 选择合适的衣柜板材

衣柜板材包括柜体板材和柜门板材，市面上流行的板材有颗粒板、多层板、密度板、大芯板（图4.7-1），业主可以根据个人的需求和预算来选购。柜体建议用多层板，柜门建议用颗粒板。条件允许的情况下尽量选择定制的品牌衣柜，也可选择好板材的品牌制作衣柜，环保与质量都有保证。

颗粒板　　　　　　　　多层板　　　　　　　　密度板　　　　　　　　大芯板

图4.7-1　衣柜板材

5. 注意衣柜板材的封边质量

定制衣柜一定要着重注意衣柜板材的封边质量。封边要光滑细腻，封边不好的说明厂家技术不过关。封边不好还容易释放板材的甲醛，导致板材起翘、开裂、变形。EVA（乙烯－醋酸乙烯酯共聚物）封边易开裂溢胶，耐用性差，PUR（湿气固化反应型聚氨酯热熔胶）封边和激光封边封闭性好，黏合力强（图4.7-2）。

6. 选购品牌五金件

建议选购质量好的品牌五金件，

图4:7-2　板材封边工艺　　　　　图4.7-3　五金件铰链

包括常用的五金件铰链（图4.7-3）、拉手、挂衣杆等，一般知名的五金品牌都会印上钢印的logo，认准知名品牌。

7. 板材的厚度合适

市场上质量好的衣柜板材厚度大都是18mm厚的，柜子的侧边、抽屉、柜体都建议选择18mm厚的板材，相对更加结实耐用。

8. 建议安装平开门

过道的宽度大于90cm时，能装平开门（图4.7-4）的情况下，建议不要装推拉门。推拉门更加占用衣柜空间，开、关门时来回剐蹭衣服，拿取不方便，密封性也不如平开门好，地上的轨道很容易藏灰尘。过道的宽度低于70cm时，建议安装推拉门。

单元四　居住空间功能区设计

9. 不建议做衣柜转角

不建议做衣柜转角（图4.7-5）。衣柜转角容易隐藏灰尘，打扫起来不方便，摆放物品还容易显得杂乱。

图4.7-4　定制衣柜平开门

图4.7-5　衣柜转角

10. 柜体做到房间顶部

衣柜建议做到房间的顶部（图4.7-4），也可在衣柜的尺寸上方做吊顶，不然衣柜上方非常容易落灰，由于衣柜的高度问题，打扫一次非常麻烦。做到顶部不仅增加了衣柜的收纳空间，而且还少了一个打扫卫生的地方。

11. 建议门板做拉直器

衣柜的门板高度超过180cm时，建议门板做拉直器（图4.7-6）。因为门板的高度尺寸比较大，做拉直器后可以防止变形，还可以让柜门开合更顺利，有效增加使用寿命。

12. 不安装太多隔板

不建议安装太多的隔板。隔板安装过多并不实用，容易限制衣柜格局，多做抽屉更加实用。

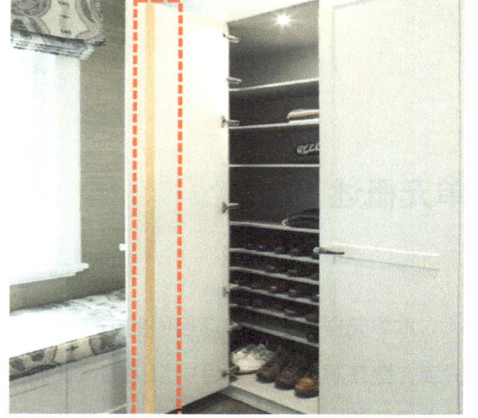

图4.7-6　柜门拉直器

13. 可多设计挂衣区

衣柜中可以多设计挂衣区。可以挂起来的衣服不用叠放，日常拿取更方便，将衣服挂起来也可防止衣服起褶皱。

14. 柜门不安装玻璃柜门

衣柜柜门不建议安装玻璃柜门。家庭生活中，各种各样的衣服挂起来会显得杂乱，玻璃柜门起不到遮挡作用。

15. 不建议安装裤架

裤架（图4.7-7）只适合垂挂西裤，功能性比较单一，性价比比较低。

16. 三分材料，七分安装

定制衣柜最终良好的质量和效果离不开细心的安装，也需要高度的重视。

图4.7-7　衣柜裤架

【练习】

1. 居住空间衣帽间设计要求有哪些？
2. 当衣柜前过道的宽度低于70cm，定制衣柜建议哪种类型的柜门？

衣帽间装修设计

Chapter 5 单元五
项目设计制图与识读

单元概述

本单元详细介绍了项目中的施工图制图标准和平面布置图、立面图、剖面图的识读,通过项目案例讲解项目设计制图与识读,旨在解决家装项目中常见的设计制图与识读重点、难点。本单元以工作任务为中心组织课程内容,让学生在完成相应工作任务的同时,构建相关理论知识,发展职业能力。课程内容理论知识的选取紧紧围绕工作任务的需要,突出对学生职业能力的训练。

学习目标

学生的主要学习目标是了解建筑 CAD 装饰工程应用实际意义,熟悉建筑装饰 CAD 制图所需的基本理论知识,培养计算机制图的岗位技能,并进一步提高综合职业能力。

5.1 施工图制图标准

一、图幅、图框

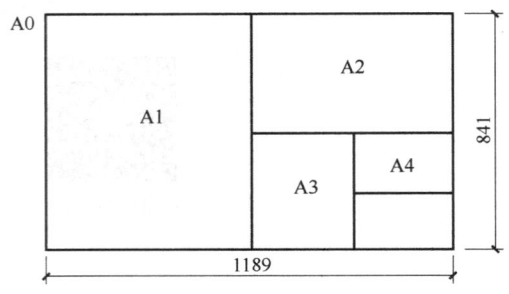

图 5.1-1 图幅(单位:mm)

图幅是指图纸尺寸规格的大小,一张 A0 的图纸尺寸为 1189mm×841mm,在 A0 图纸的基础上将其一分为二,这样便得到了 A1 号图纸,A1 号图纸尺寸为 594mm×841mm(图 5.1-1)。

同理在 A1 的图纸中间将其一分为二,便得到了 A2 号图纸,A2 号图纸的尺寸为 420mm×594mm。以此类推,将 A2 图纸一分为二便得到了 A3 图纸,A3 图纸的尺寸为 297mm×420mm。为使图纸整齐划一,某一系列的图纸应选定以一种图幅为主,尽量避免大小图幅的掺杂使用。同一项工程的图纸，不宜多于两种幅面（图5.1-2）。

加长尺寸的图纸（图5.1-3）只允许加长图纸的长边，图纸的短边不得加长。加长部分的尺寸应为边长的1/8。

尺寸代号	图幅代号				
	A0	A1	A2	A3	A4
$b\times l$	841×1189	594×841	420×594	297×420	210×297
c	10			5	
a	25				

图5.1-2 图幅代号及尺寸（单位：mm）

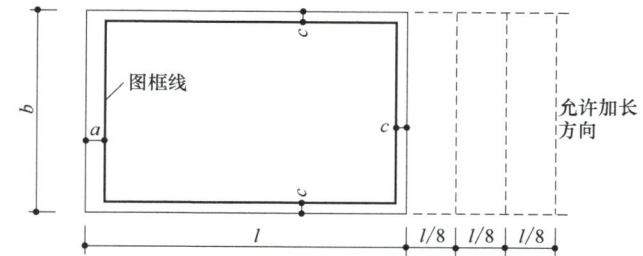

图5.1-3 图纸加长尺寸

图框是界定图纸内容的线框（图5.1-4），包括幅面线、图框线、装订边、标题栏、会签栏等。图纸的布局形式最常见的为横式布局。横式布局中，标题栏可以位于图纸的一侧，也可以位于图纸的下方。根据各公司的要求，不同标题栏里的内容可以适当地做出调整。

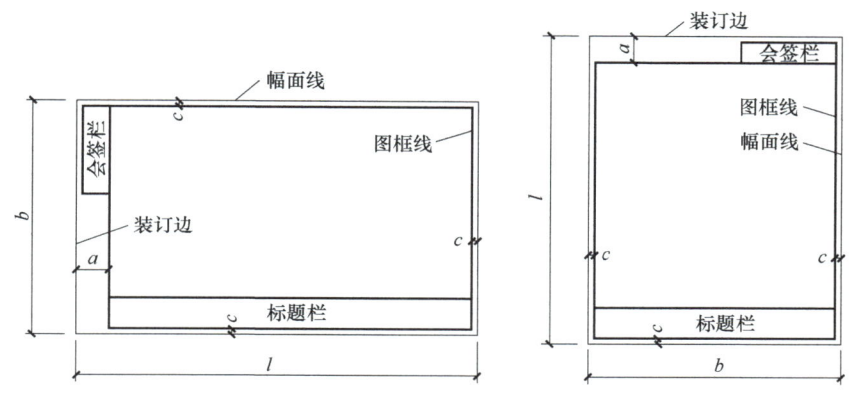

图5.1-4 图框

二、图线

1. 图线绘制标准

图线对于建筑装饰施工图来说是非常重要的。施工图是由图线组成的，为了表达施工图图样的不同内容，并能够分清主次，须使用不同线型和线宽的图线。每个图样绘制前，应根据复杂程度与比例大小，先确定基本的线宽b，再选用线宽表（表5.1-1）中相应的线宽组。图线分粗、中粗、中、细四种规格，线宽比为b、$0.7b$、$0.5b$、$0.25b$。

表5.1-1 线宽表

线宽比	线宽组			
b	1.4	1.0	0.7	0.5
$0.7b$	1.0	0.7	0.5	0.35
$0.5b$	0.7	0.5	0.35	0.25
$0.25b$	0.35	0.25	0.18	0.13

注：1 需要缩微的图纸，不宜采用0.18及更细的线宽。
    2 同一张图纸内，各不同线宽中的细线，可统一采用较细的线宽组的细线。

房屋建筑室内装饰装修制图中，任何一幅复杂的施工图都是由一些简单的线条组成的。常用线型有实线、虚线、单点长画线、双点长画线、折断线和波浪线等（表5.1-2）。

表 5.1-2 房屋建筑室内装饰装修制图常用线型

名称		线型	线宽	用途
实线	粗	——————	b	主要可见轮廓线
	中粗	——————	$0.7b$	可见轮廓线、变更云线
	中	——————	$0.5b$	可见轮廓线、尺寸线
	细	——————	$0.25b$	图例填充线、家具线
虚线	粗	- - - - - -	b	见各有关专业制图标准
	中粗	- - - - - -	$0.7b$	不可见轮廓线
	中	- - - - - -	$0.5b$	不可见轮廓线、图例线
	细	- - - - - -	$0.25b$	图例填充线、家具线
单点长画线	粗	—·—·—·—	b	见各有关专业制图标准
	中	—·—·—·—	$0.5b$	见各有关专业制图标准
	细	—·—·—·—	$0.25b$	中心线、对称线、轴线等
双点长画线	粗	—··—··—	b	见各有关专业制图标准
	中	—··—··—	$0.5b$	见各有关专业制图标准
	细	—··—··—	$0.25b$	假想轮廓线、成型前原始轮廓线
折断线	细	⎯⋀⎯	$0.25b$	断开界线
波浪线	细	～～～	$0.25b$	断开界线

2. 图线应用实例

根据图 5.1-5，学习各种常用图线的用法。首先墙体的结构运用粗实线来绘制，粗实线是整张图纸中最粗的部位，明确表示了墙体具体所在位置。利用中实线画出了门的形式，细实线绘制出尺寸线。轴线利用细点划线来表示，边缘采用了折断线。在这间房间中采用了中虚线来绘制柜子的轮廓，中虚线表示的柜子是吊柜。总体来说，这张图中利用了粗实线、中实线、细实线、中虚线、细点画线和折断线这样几种常用的线型。

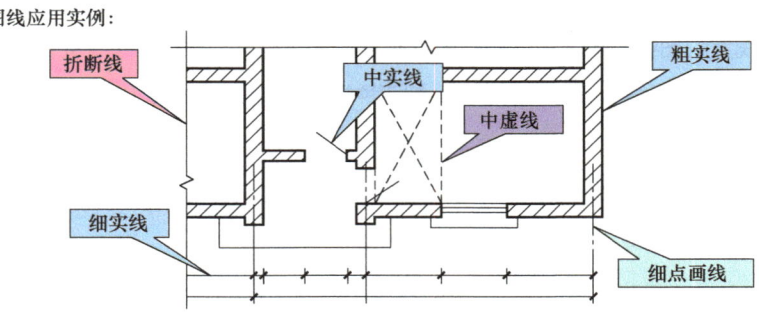

图 5.1-5 各种线型在房屋平面图上的用法

三、比例、尺寸标注

1. 比例

图形的比例就是图形与实物相对应的线性尺寸之比，例如实物长度是 1m，如果在图纸上画成 1cm，比例为 1∶100。图 5.1-6 是用不同比例绘制的门立面图，第一道门选用的是 1∶50 的比例，第二道门选用的是 1∶100 的比例。

在这两张图中比例选取的不同，图样大小不同。但是从门的标注尺寸上可以得知，尽管两扇门的图形大小不同，所反映的门的实际尺寸是一样的。比例应以阿拉伯数字表示，应该注写在图名的右侧，字的基准线应取平，比例的字号应该比图名的字号小一号或二号。

一般情况下，平面图、剖面图等图样常用1∶100或1∶50的比例；详图则根据实际情况，常用的有1∶10及1∶5等（表5.1-3）。

表 5.1-3　常用图形比例

图名	常用比例
平面图、顶棚图	1∶200　1∶100　1∶50
立面图	1∶100　1∶50　1∶30　1∶20
结构详图	1∶50　1∶30　1∶20　1∶10 1∶5　1∶2　1∶1

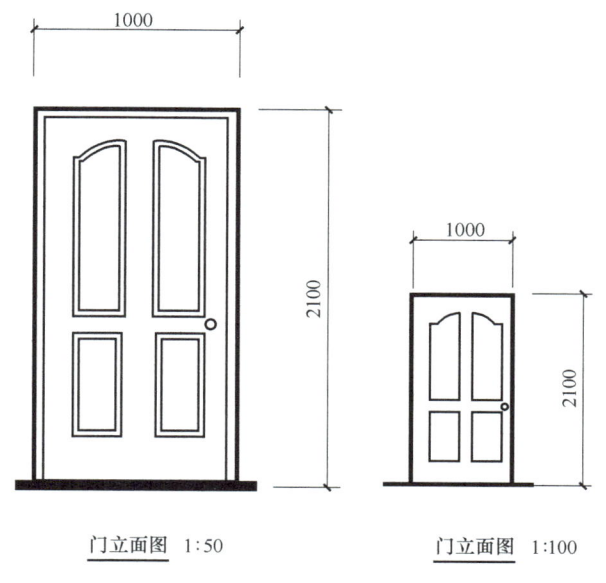

图 5.1-6　用不同比例绘制的门立面图

平面图、剖面图的图名和比例应注写在图纸的下面或一角。详图符号的圆圈由粗实线绘制，直径为14mm，横线上部的数字为详图号，横线下部的数字则表示被索引部分所在图纸的页数（图5.1-7）。

2. 尺寸标注

没有尺寸标注，图纸就不能称为一份完整的图纸。一个完整的尺寸标注由起始符号、尺寸数字、尺寸线和尺寸界限四部分组成。尺寸数字必须注写在尺寸线的上方，当尺寸界限间隔较小时，可上下错开（图5.1-8）。

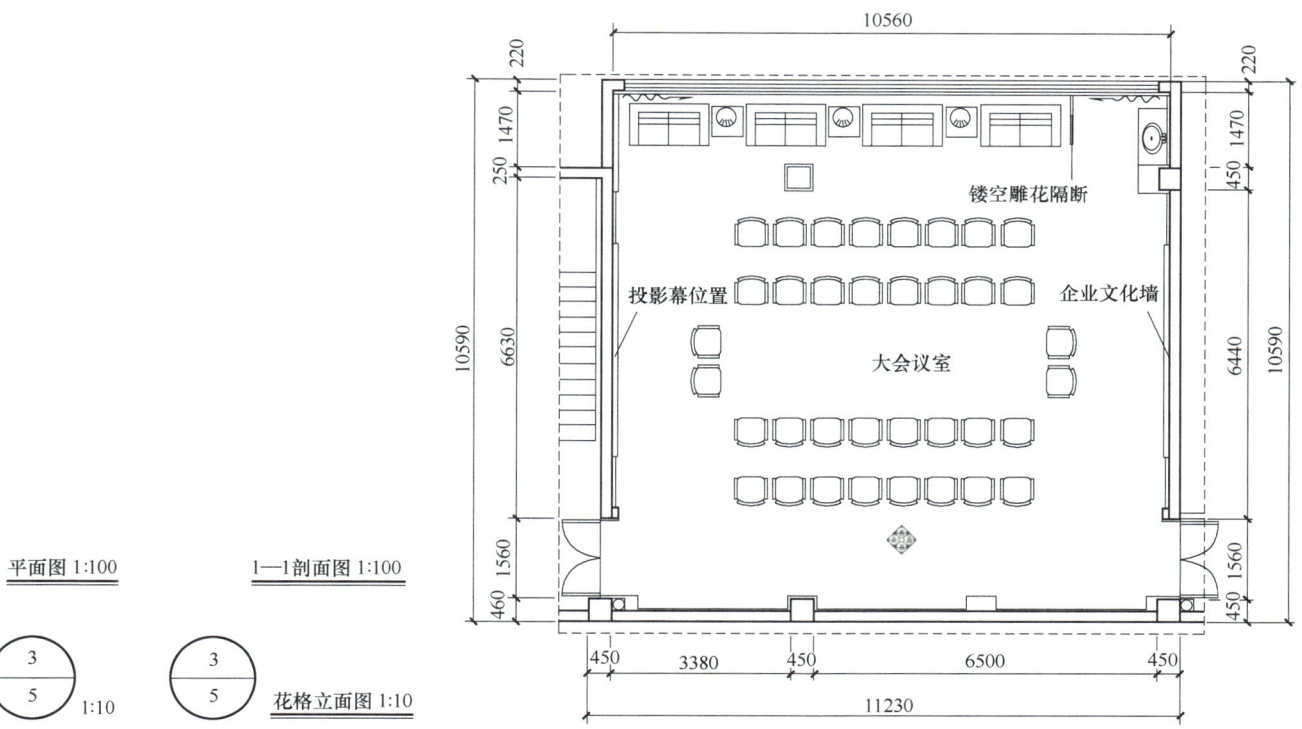

图 5.1-7　图名和比例尺　　　图 5.1-8　尺寸标注

在注写尺寸数字时，有三点注意事项（图5.1-9）：

1）任何图线都不得穿过尺寸数字，不可避免时应将尺寸数字处的图线断开。图5.1-9中第一组图的注写方法是错误的，因为尺寸数字"0"压在了中轴线上。

2）尺寸数字和填充符号不能重叠。图 5.1-9 中第二组图的错误在于尺寸数字和填充符号重叠在了一起，容易造成尺寸数字的读写错误。

3）尺寸数字必须在尺寸线的上方，同时留有一定的空隙。图 5.1-9 中第三组图错误的原因在于尺寸数字距离尺寸线较近，对尺寸数字的准确识读产生影响。

尺寸排列的注意事项有两点（图 5.1-10）：

1）图样轮廓线以外的尺寸线与最外轮廓线的距离不宜小于 10mm。

2）平行排列的尺寸线间距为 7～10mm，且小尺寸在内，大尺寸在外。

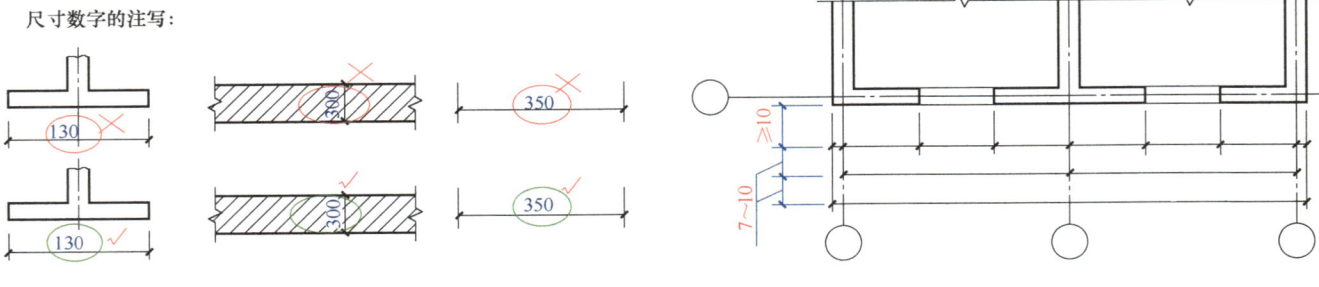

图 5.1-9 尺寸数字的注写

图 5.1-10 尺寸排列

【练习】

1. 各种常用图线的用法有哪些？
2. 尺寸排列的注意事项有哪些？

装饰施工图制图标准

5.2 平面布置图识读

一、平面布置图的概念

平面布置图通常是设计过程中首先触及的内容，是装饰施工图的主要图样，主要用于表示空间布局、空间关系、家具布置、人流动线，让客户了解平面构思意图。装饰装修平面图包括平面装饰布置图和顶棚平面图。

平面装饰布置图基本同建筑平面图，是假设用一个水平的剖切平面，在窗台上方位置，将经过内外装饰的房屋整个剖开，移去剖切平面以上部分向下所作的水平投影图（图 5.2-1）。它的作用主要是表明建筑室内外各种装饰布置的平面形状、位置、大小和所用材料，表明这些布置与建筑主体结构之间的相互关系等。

从图 5.2-2 中可以看到，制图符号有轴线、标高、室内立面索引符号、引出线、常用家具图例、门窗的代号以及标注等。

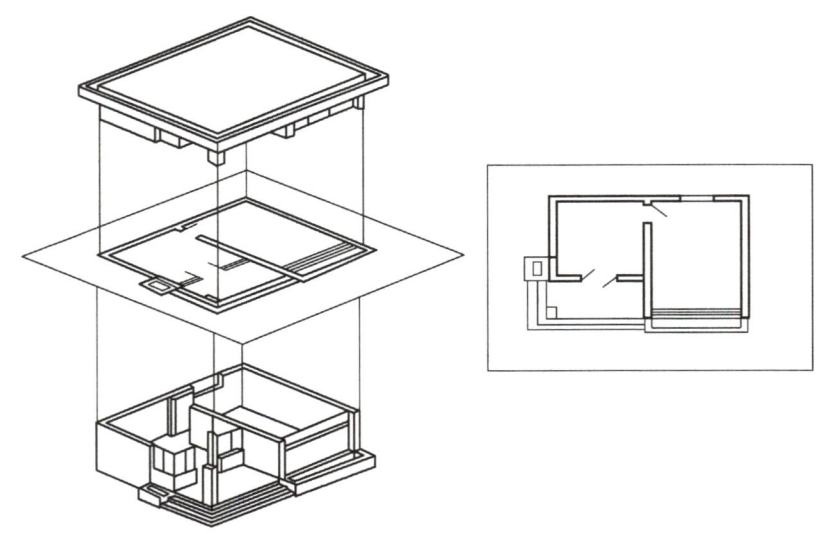

图 5.2-1 平面布置图的形成

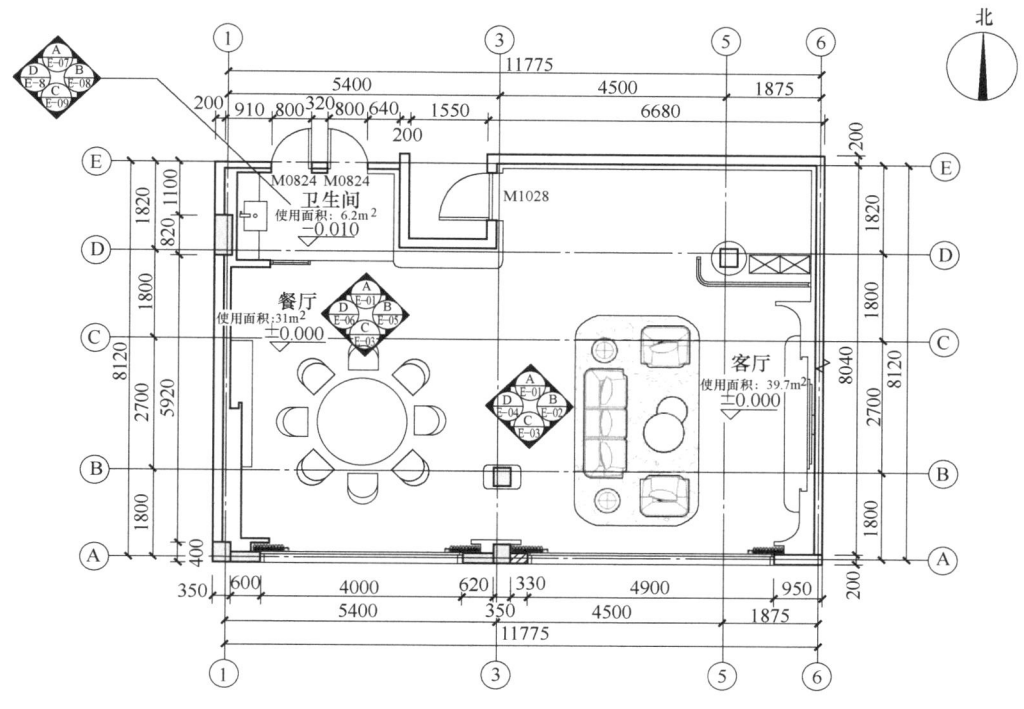

图 5.2-2　某户型平面布置图（一）

二、轴线

1. 定位轴线

在施工平面布置图中通常将房屋的基础、墙、柱、屋架等承重构件的轴线画出，并进行编号，以便于施工时定位放线和查阅图纸，这些轴线称为定位轴线（图 5.2-2）。

2. 定位轴线编号的画法

1）GB/T 50001—2017《房屋建筑制图统一标准》规定，定位轴线用 0.25b 线宽的单点长画线绘制。轴线编号的圆圈用 0.25b 线宽的实线绘制，其直径为 8～10mm，在圆圈内注写编号。

2）平面图上水平方向的编号用阿拉伯数字，从左向右依次编写。

3）垂直方向的编号，用大写罗马字母自下而上依次编写。I、O 及 Z 三个字母不得作轴线编号，以免与数字 1、0 及 2 混淆（图 5.2-3）。

4）在较简单或对称的房屋中，平面图的轴线编号一般标注在图形的下方及左侧。较复杂或不对称的房屋，图形上方和右侧也可以标注。

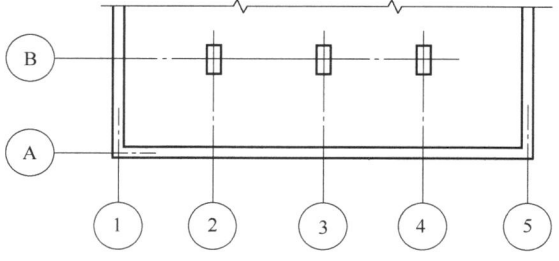

图 5.2-3　定位轴线编号

3. 应用分析

图 5.2-2 中水平方向的编号用阿拉伯数字，从左向右依次编写是 1、2、3；垂直方向是罗马字母，编号分别是 A、B、C。

三、标高

标高用于表明建筑设计或室内设计空间中各部分（如室内外地面、窗台、门窗口上沿、雨篷和檐口底面、室内立面等）高度的标注方法。

1. 标高分类

绝对标高：我国把青岛附近的黄海平均海平面定为绝对标高的零点，其他各地标高都以它为基准。

相对标高：把室内首层地面的高度定为相对标高的零点，高于它的为正，但不注"+"号，低于它的为负，必须注写"-"号。

2. 标高单位

标高数值以 m 为单位，一般注至小数点后三位（总平面图中可以注至小数点后二位）。

3. 标高图例

在平面布置图上，把室内客厅的地面高度定为相对标高的零点，卫生间的高度是 -0.020m，就说明卫生间低于客厅地面 20mm（图 5.2-4）。

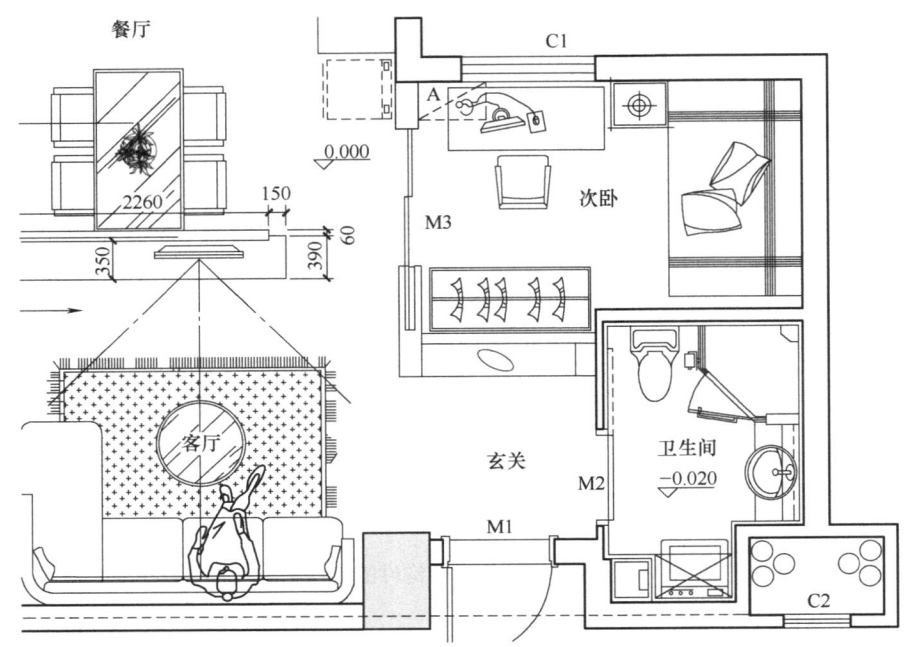

图 5.2-4　标高图例

4. 标高符号画法及标高尺寸标注（图 5.2-5）

1）标高符号以等腰直角三角形表示，用细实线绘制，高约 3mm。
2）总平面图室外地坪标高符号宜用涂黑的等腰直角三角形表示。
3）标高符号尖端应指至被注高度的位置，一般应向下，也可向上。
4）负数标高如图 5.2-5c 所示，正数标高如图 5.2-5d 所示，同一位置要标几个不同标高时，按如图 5.2-5e 的形式注写。

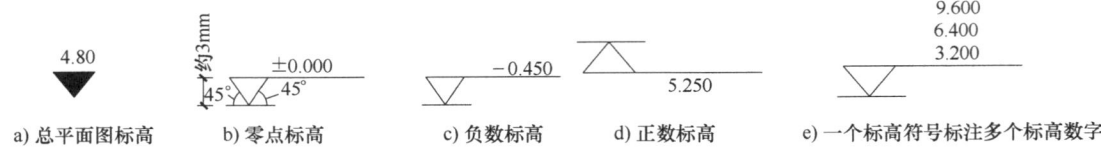

a) 总平面图标高　　b) 零点标高　　c) 负数标高　　d) 正数标高　　e) 一个标高符号标注多个标高数字

图 5.2-5　标高符号画法及标高尺寸标注

四、室内立面索引符号

1. 立面索引符号

为表示室内立面在平面图上的位置，应在平面图中用立面索引符号注明视点位置、方向及立面的编号。立面索引符号由直径为 8～12mm 的圆构成，以细实线绘制，并以三角形表示投影方向，如图 5.2-6a 所示。圆内直线以细实线绘制，在立面索引符号的上半圆内标识的是立面号，下半圆标识的是立面所在图纸号，如图 5.2-6b 所示。

一幅图内含有多个立面时，立面索引符号可采用的形式如图 5.2-6c 所示；如所引立面在不同的图纸内，可采用的形式如图 5.2-6d 所示。在实际应用中，立面索引符号也可拓展，灵活使用。

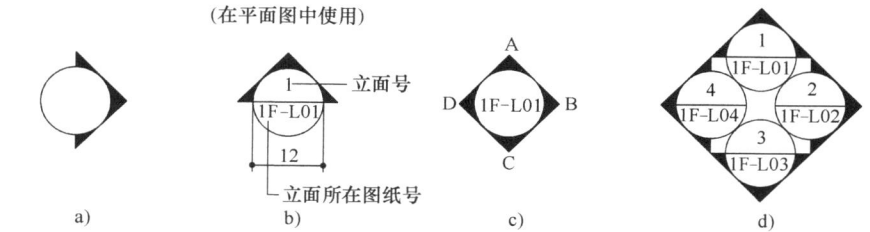

图 5.2-6 室内立面索引符号

2. 应用分析

分析图 5.2-7 可知，客厅位置有一条引出线，引出的就是立面图的索引符号。该索引符号说明，在这个客厅的四面墙上都有立面图的绘制，分别在图纸号为 E-01 ~ E-04 的图纸上，立面号为 01 ~ 04。

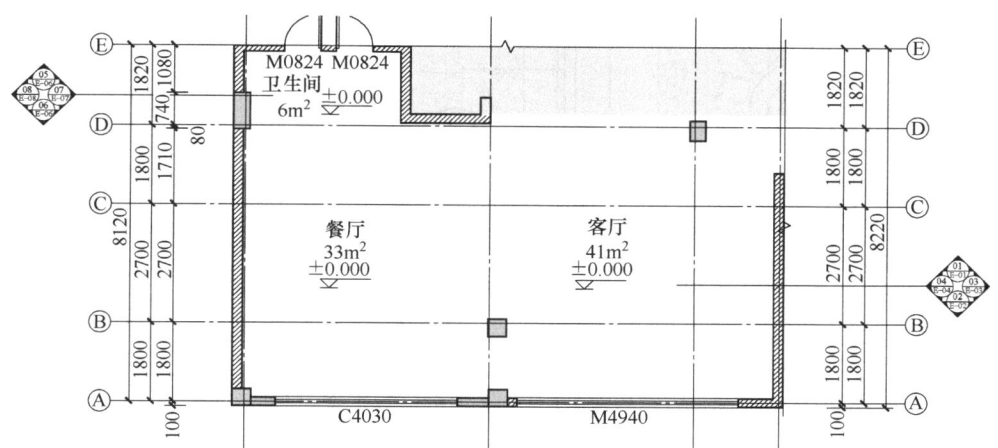

图 5.2-7 室内立面索引符号的应用

五、引出线

引出线是指为了对图样上某些部位作文字说明、尺寸标注和索引详图而单独绘制的线段，应以细实线绘制。

1. 引出线采用直线

引出线宜采用直线，不宜采用曲线（图 5.2-8）。

2. 引出线同时引出几个相同部分

引出线同时引出几个相同部分时，各引出线应互相保持平行（图 5.2-9）。

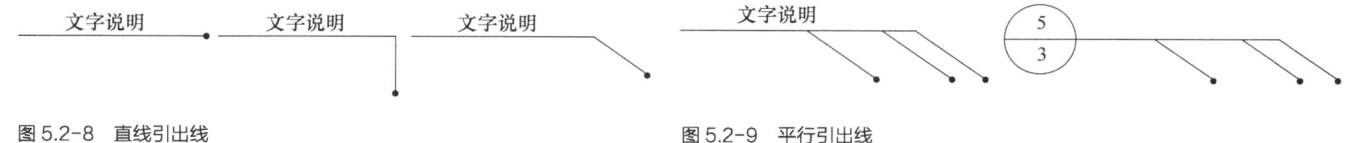

图 5.2-8 直线引出线　　　　　　　图 5.2-9 平行引出线

3. 多层构造引出线

多层构造引出线，必须通过被引的各层，并保持垂直方向。文字说明的次序，应与构造层次一致，一般由上而下，从左到右（图 5.2-10）。

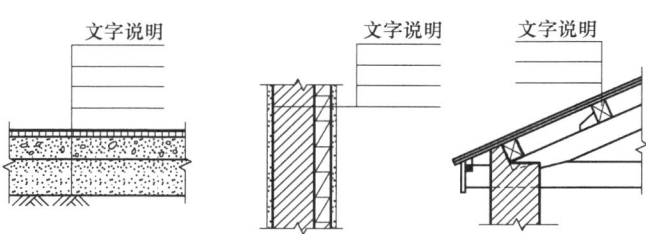

图 5.2-10 多层构造引出线

4. 应用分析

在某平面布置图（二）上就有很多的引出线应用，例如多人沙发、单人沙发、茶几等就是用引出线引到户型布置图的外面，然后用文字说明其名称（图5.2-11）。

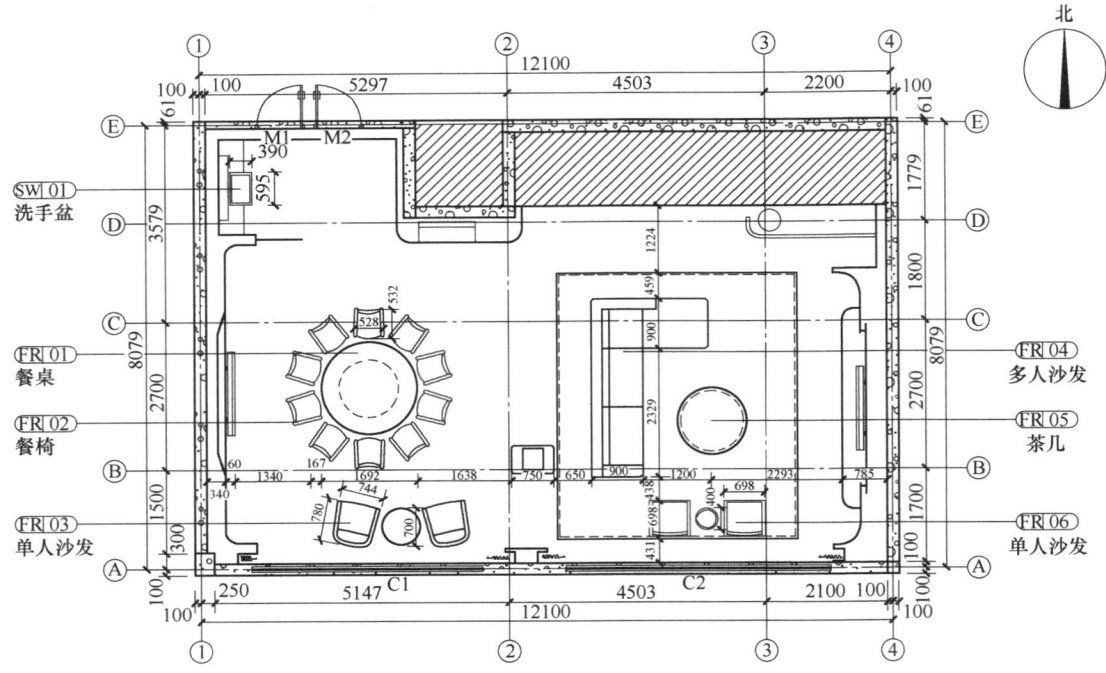

图 5.2-11　某户型平面布置图（二）

六、常用图例

室内家具及陈设（如家具类沙发、座椅、洁具类手盆、坐便器等）的平、立面图图例如图 5.2-12 所示。

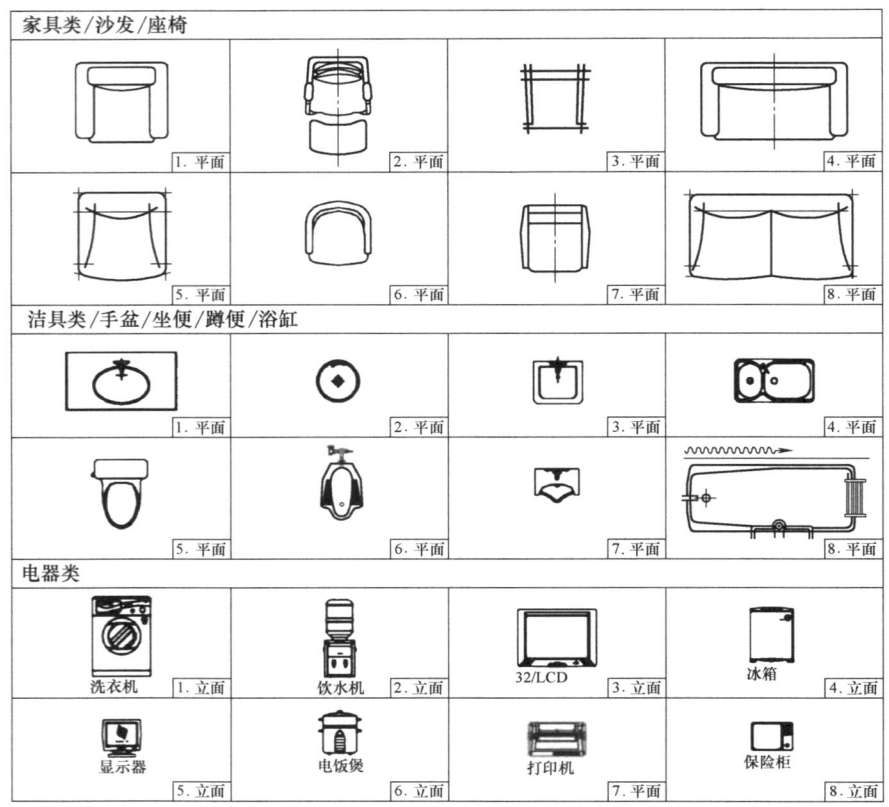

图 5.2-12　室内家具及陈设的平、立面图图例

七、门窗符号

1. 常用门窗符号画法

平面图中门的代号是 M，窗的代号是 C。在代号后面写上编号，如 M1、M2 和 C1、C2 等。同一编号表示同一类型的门窗，它们的构造和尺寸都一样。一般情况下，在首页图或在平面图上，附有门窗表，列出门窗的编号、名称、尺寸、数量及所选标准图集的编号等内容。

平面图中常用门窗符号画法如图 5.2-13 所示。

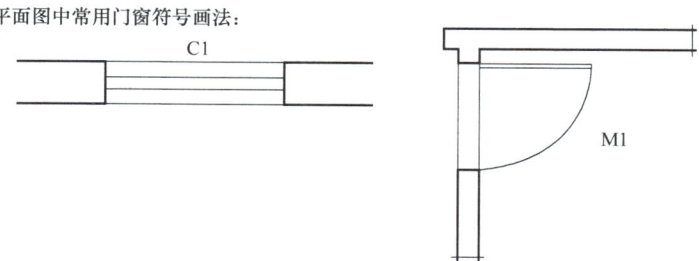

图 5.2-13　平面图中常用门窗符号画法

2. 应用分析

在图 5.2-14 里面一共有两扇门，两扇窗户。

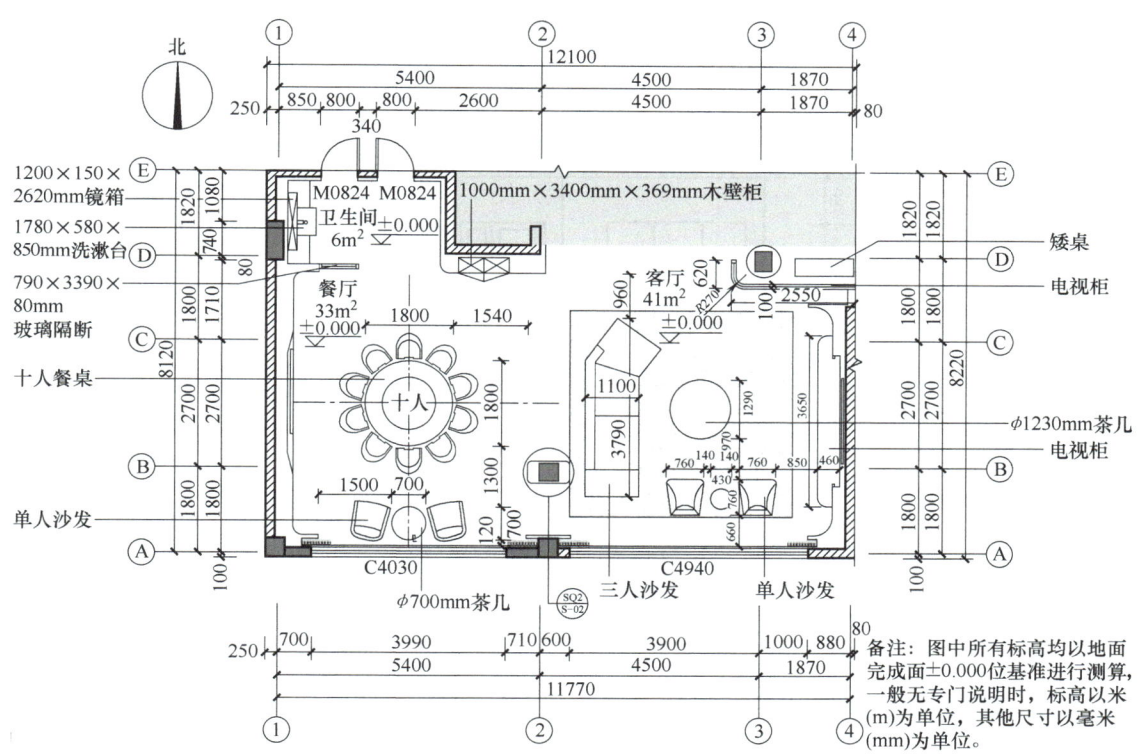

图 5.2-14　在某户型平面布置图中的门窗

该平面图总长度为 11.77m，宽度为 8.12m，各个房间都标注名称，都有尺寸标注，功能分区非常明显。图中有卫生间，卫生间处配有洗漱台。客厅和餐厅用地面铺装线分割开来。电视柜为定制家具。客厅、餐厅、卫生间的标高和面积都标注出来了，图中家具均已详细标出。整个空间的家具位置、尺寸都有图例标出。卫生间的标高是 0.000，说明卫生间的地面和客厅地面一样高。

平面布置图识读

【练习】

1. 请简述平面布置图的概念。

2. 立面索引符号由直径是多少的圆构成？

5.3 立面图、剖面图识读

一、装饰施工立面图

在与房屋立面平行的投影面上所作的房屋正投影图就是装饰立面图,即假设将室内空间垂直剖开,移去剖切平面和观察者之间的部分,对剩余部分所作的正投影(图5.3-1)。

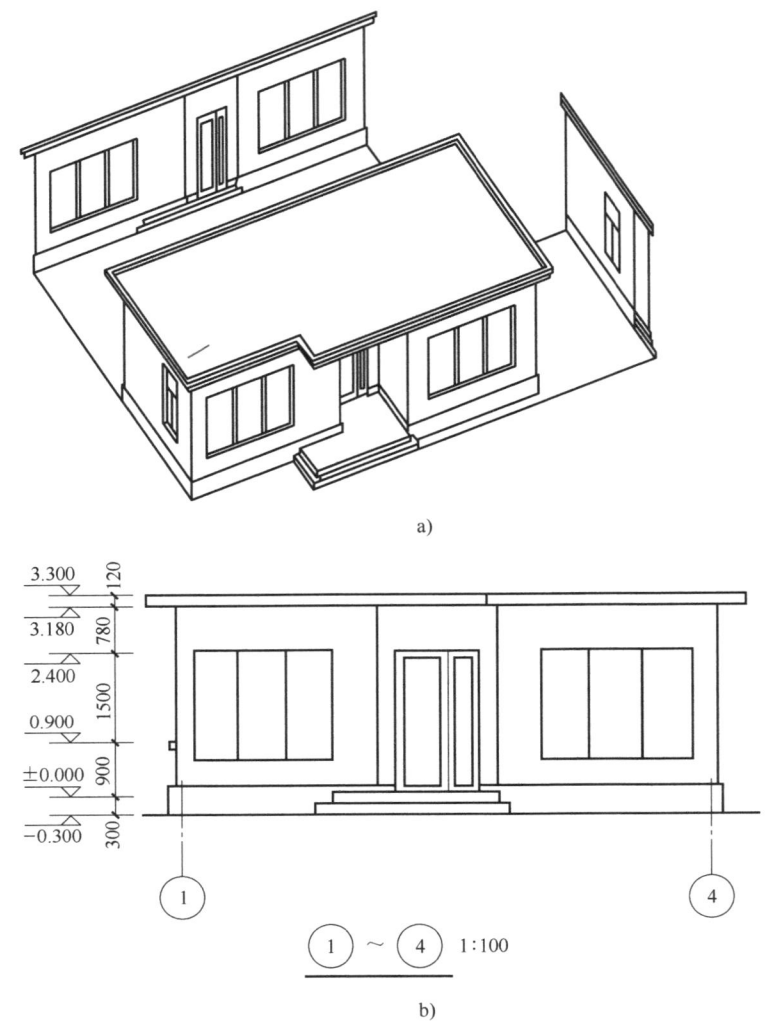

图 5.3-1 装饰立面图的形成

1. 装饰施工立面图的图示内容(图 5.3-2)

1)装饰吊顶顶棚的高度尺寸、建筑楼层底面高度尺寸、装饰吊顶顶面的迭级造型互相关系尺寸。

2)在立面图中,以室内地面为零点标高,以此为基准点来标明其他建筑结构、装饰结构及配件的标高。

3)墙面装饰造型和式样,所需装饰材料及工艺要求的文字说明。

4)墙面所用设备的位置尺寸、规格尺寸。

5)墙面与吊顶的衔接收口方式。

6)建筑结构与装饰结构的连接方式、相关尺寸。

7)门、窗、隔墙、装饰隔断物等设施的高度尺寸和安装尺寸。

8)楼梯踏步的高度和扶手高度以及所用装饰材料及其工艺要求。

9)绿化、组景设置的高低错落位置尺寸。

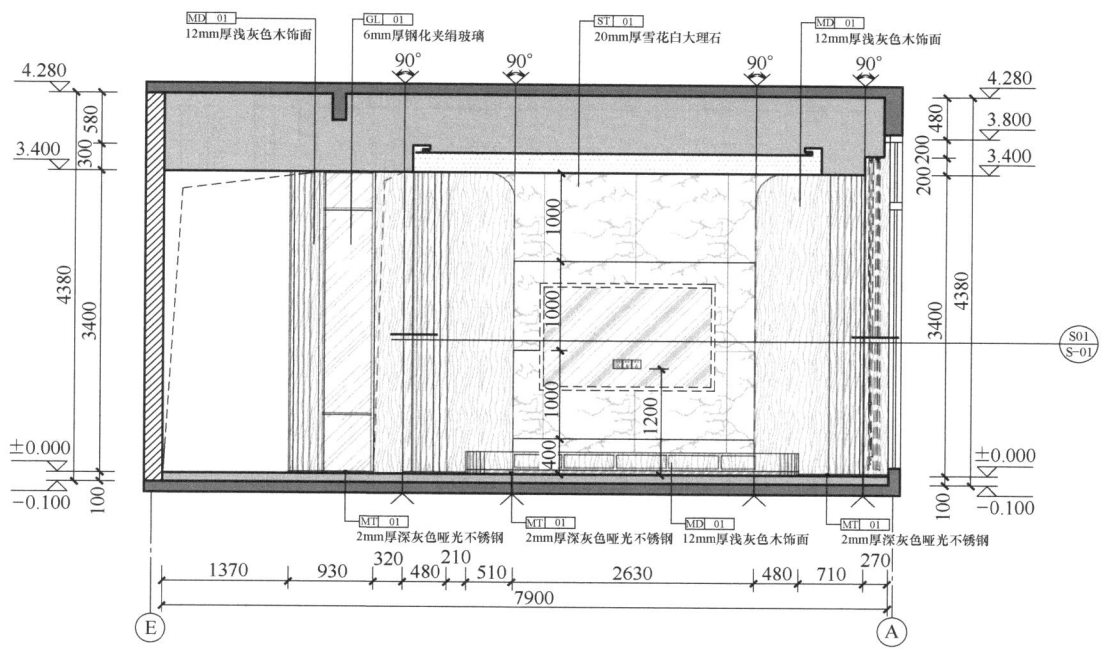

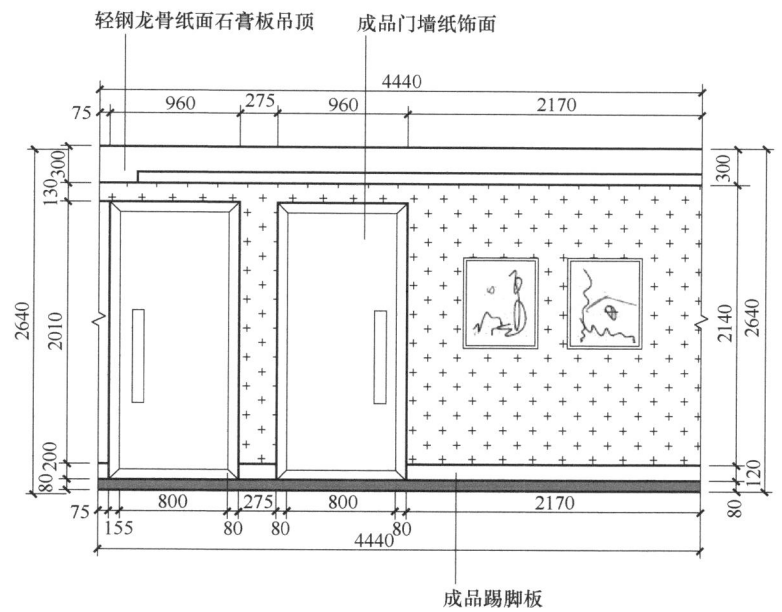

图 5.3-2 立面图

2. 装饰施工立面图识读要点

1）明确建筑装饰立面图上与该工程有关的各部分尺寸和标高。

2）弄清地面标高。装饰立面图一般都以室内客厅地面为零,高出客厅地面的位置以正号表示,反之则以负号表示。

3）弄清每个立面上有几种不同的装饰面,这些装饰面所用的材料以及施工工艺要求。

4）立面上各种不同材料饰面之间的衔接、收口较多,要注意收口的方式、工艺和所用材料。

5）要注意电源开关、插座等设施的安装位置和安装方式。

6）弄清建筑结构与装饰结构之间的衔接,装饰结构之间的连接方法和固定方式,以便提前准备预埋件和紧固件。

3. 装饰施工立面图的识读步骤

根据图 5.3-3 和图 5.3-4,介绍装饰施工立面图的识读步骤。

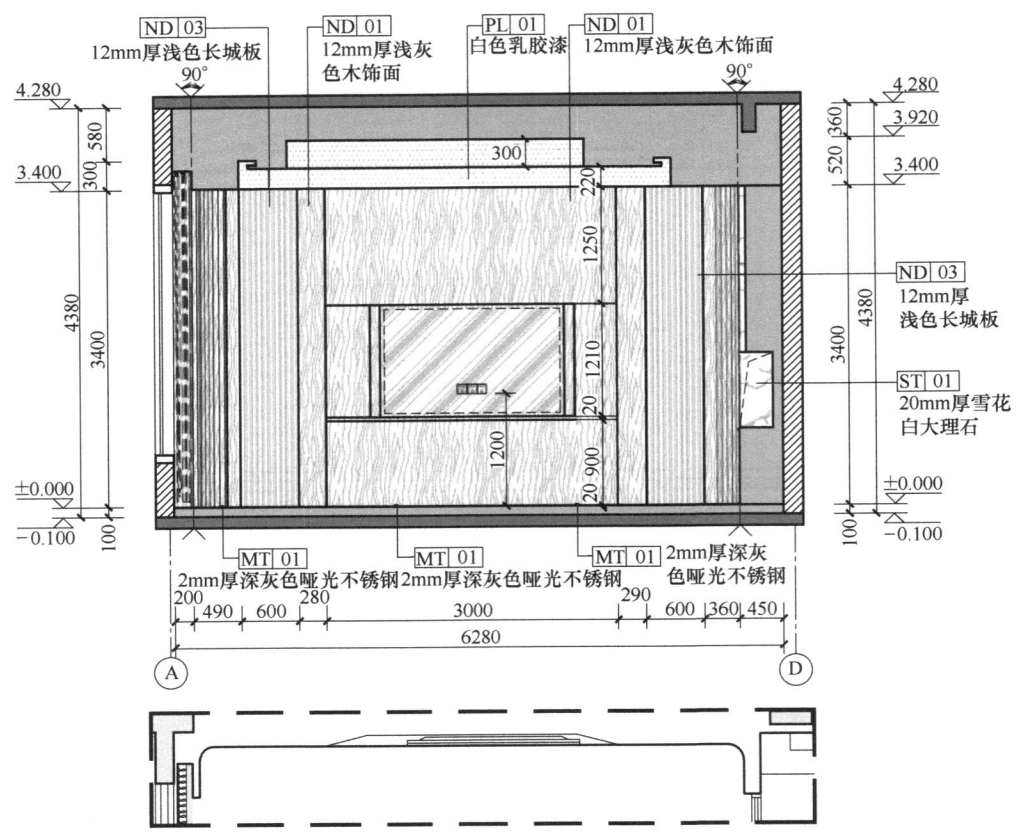

图 5.3-3 装饰施工立面图（一）

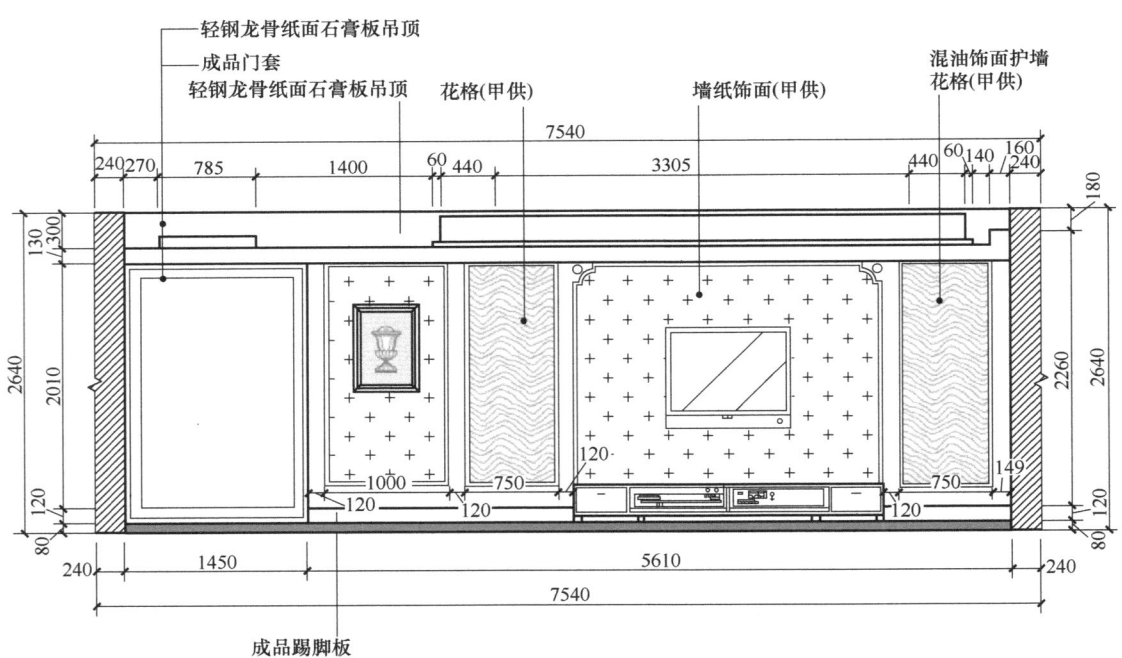

图 5.3-4 装饰施工立面图（二）

1）识读图名、比例，与装饰平面图进行对照，明确视图投影关系和视图位置。

2）与装饰平面图进行对照识读，了解室内家具、陈设、壁挂等的立面造型。

3）根据图中尺寸、文字说明，了解室内家具、陈设、壁挂等规格尺寸、位置尺寸、装饰材料和工艺要求。

4）了解内墙面的装饰造型的式样、饰面材料、色彩和工艺要求。

5）了解吊顶顶棚的断面形式和高度尺寸。

4. 应用分析

某别墅室内客厅立面图的比例尺是 1 : 30。该立面有一个电视柜，墙面有电视背景墙，电视背景墙两侧是 12mm 厚浅灰色木饰面。电视镶嵌在电视背景墙上，电视背景墙为 12mm 厚木饰面的墙面。电视背景墙的右侧 12mm 为厚浅色长城板，整个立面图有水平与垂直两种尺寸（图 5.3-5）。

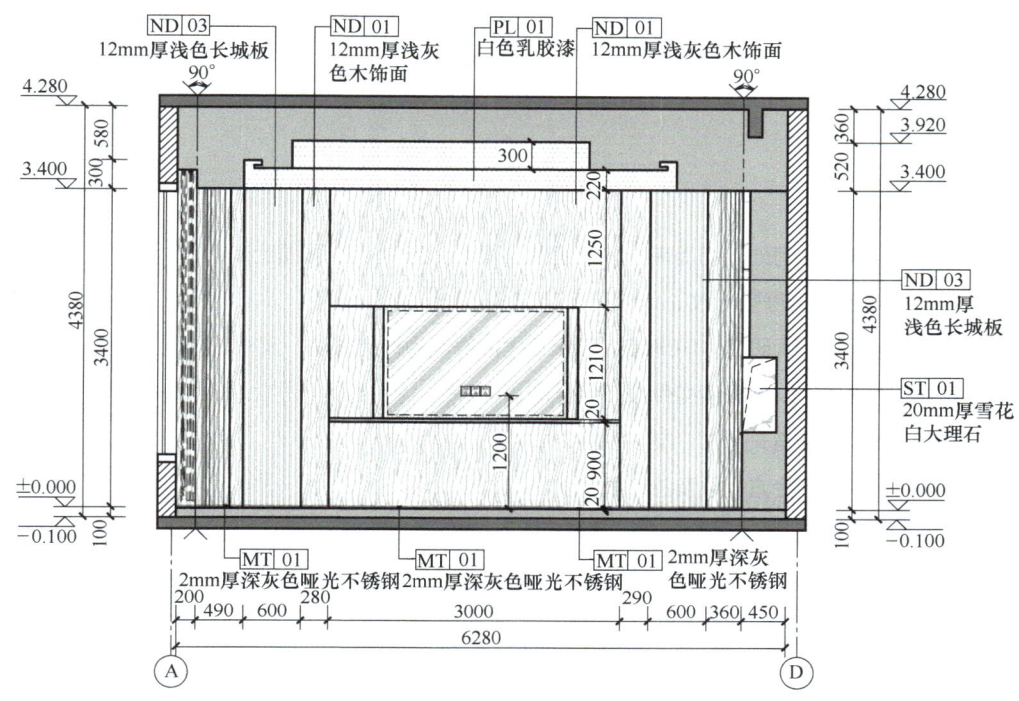

图 5.3-5　某别墅室内装饰立面图

阅读室内装饰立面图时，要结合平面布置图、顶棚平面图和室内其他立面图，明确该室内装饰装修的整体做法及要求。

二、装饰施工剖面图

装饰剖面图是将装饰面（或装饰体）整体剖开（或局部剖开）后，反映内部装饰结构与饰面材料之间关系的正投影图（图 5.3-6）。

1. 装饰施工剖面图的图示内容（图 5.3-7）

1）装饰面或装饰形体本身的结构形式、材料情况与主要支承构件的相互关系。

2）装饰结构与建筑结构之间的衔接尺寸与连接方式。

3）剖切空间内可见实物的形状、大小与位置。

4）建筑物、建筑空间及装饰结构的竖向尺寸及关系。

5）图名、比例和被剖切墙体的定位轴线及其编号。

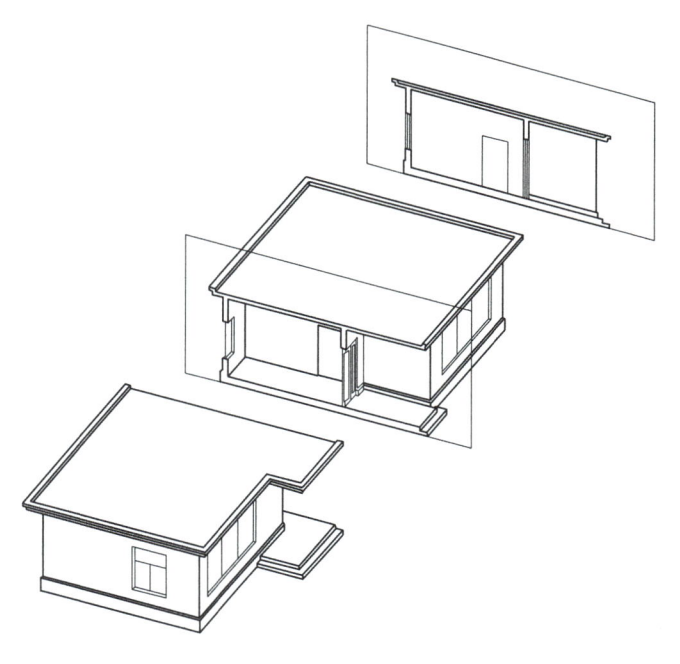

图 5.3-6　装饰剖面图的形成

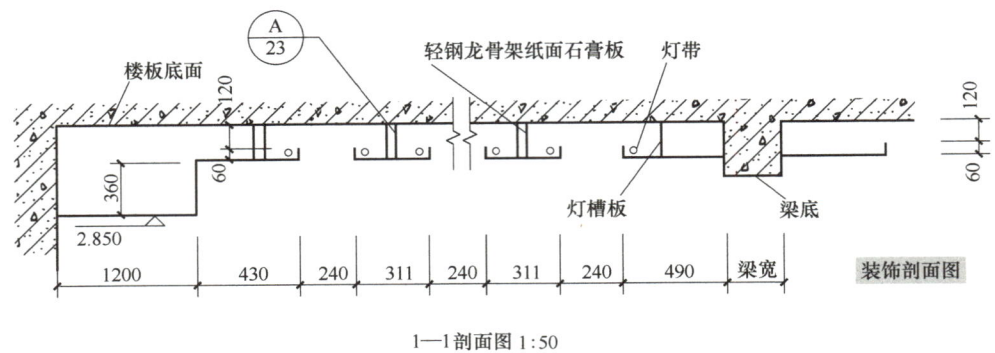

1—1剖面图 1:50

图 5.3-7 装饰剖面图

2. 装饰施工剖面图识读要点

1）看剖面图首先要弄清该图从何处剖切而来，分清是从平面图上还是从立面图上剖切的，了解该剖面的剖切位置与方向。剖切面的编号或字母应与剖面图符号一致。

2）通过对剖面图所示内容的阅读研究，明确装饰装修工程各部位的构造方法、尺寸、材料要求及工艺要求。

3）注意剖面图上的索引符号，以便识读构件或节点详图。

4）仔细阅读剖面图竖向数据及有关尺寸、文字说明。

5）注意剖面图中各种材料的结合方式以及工艺要求。

6）弄清剖面图中的标注、比例。

3. 装饰施工剖面图的识读步骤

根据图 5.3-8，介绍装饰施工剖面图的识读步骤。

1）应首先根据图名，在平面图、立面图中找到相应的剖切符号或索引符号，弄清楚剖切或索引的位置及视图投影方向。

2）在剖面图中了解有关构件、配件和装饰面的连接形式、材料、截面形状和尺寸等内容。

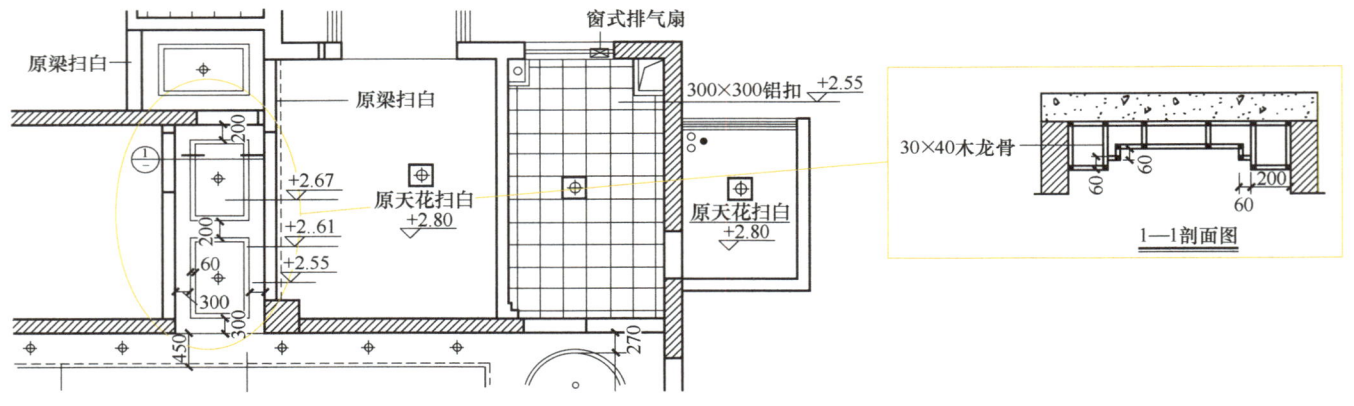

图 5.3-8 剖面图

4. 应用分析

图 5.3-9 为某建筑室内装饰整体剖面图，该图是从二层平面布置图上剖切得到的。从混凝土楼板底面结构的标高，可知最高一级顶棚的构造厚度只有 0.05m，也就是说只能用木龙骨找平后即铺钉面板，从而明确该处顶棚的构造方法。根据剖面编号注脚找出相对应的二层顶棚平面图，可以得知该室内顶棚均为纸面石膏板面层，除了最高一级顶棚外，其余顶棚的主要结构材料为轻钢龙骨。最高一级顶棚与二级顶棚之间设有内藏灯槽，宽度为 0.20m，高度为 0.25m。轴墙上有窗，窗帘盒是标准构件。二级顶棚与墙面收口采用石膏阴角线，三级顶棚与墙面收口采用线脚⑥。墙裙高为 0.93m；墙面裱米色高级墙布，白线脚②以上为宫粉色立邦漆；墙面饰有一风景壁画，尺寸为 800×600，横向居中。室内靠墙有矮柜、冰柜、

电视，右房角有盆栽植物等。

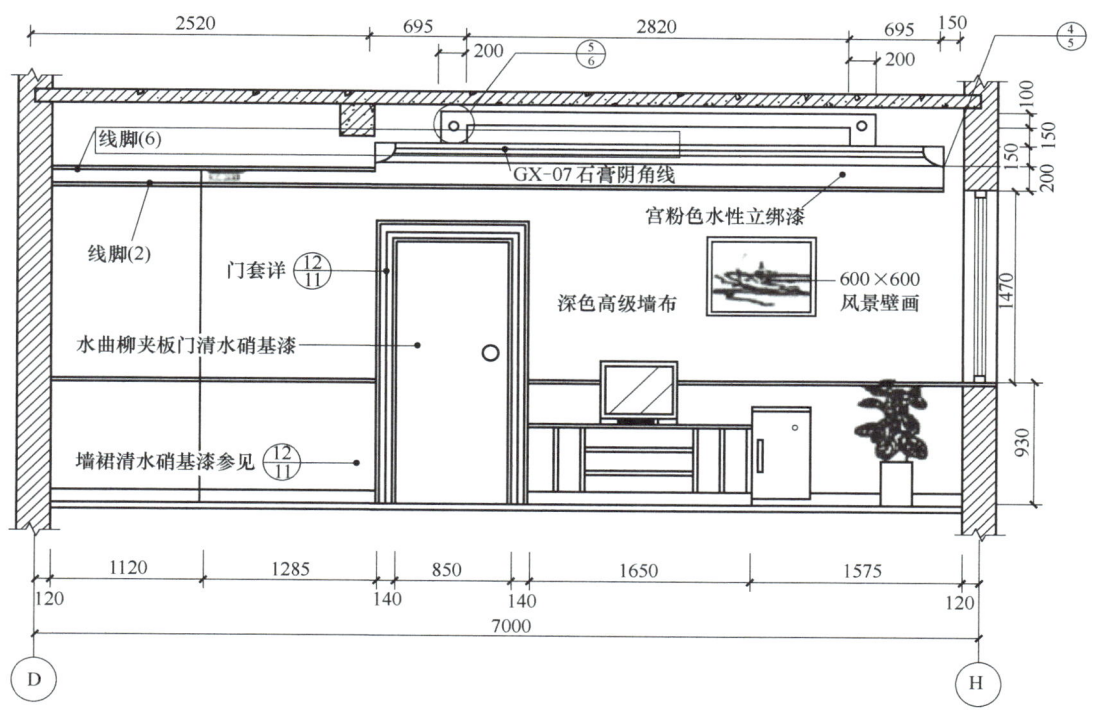

图 5.3-9　某建筑室内装饰整体剖面图

【练习】

1. 简述剖面图的识读步骤。
2. 装饰施工剖面图识读要点有哪些？

装饰施工图立面图及
剖面图的识读内容

Chapter 6 单元六
项目现场施工——水、电路改造施工

单元概述

本单元详细介绍了项目现场施工中水、电路改造及防水施工的流程与要点，通过优秀案例讲解家装项目的水、电路改造与防水施工，旨在使学生了解家装项目水、电路改造与防水施工中常见的问题，并掌握解决方法。

学习目标

学生通过系统化理论及实践项目体系，对水、电路改造施工及防水施工深入学习，掌握居住空间水、电路改造及防水施工的流程与要点，将理论与项目实践相结合。

6.1 水路改造施工流程及施工要点

水路改造是家庭装修的一个重要环节。正所谓家装安全，水电先行，水电关系到家庭安全，一旦出现问题后期返工修理非常麻烦。目前水路改造基本上都采用暗装的方式，需要开槽埋管，开槽的目的是将给水管埋入槽内，起到美观和保护的作用（图6.1-1）。但若出现问题，修理时需拆墙砸地，因此在装修前期就要保证质量，杜绝安全隐患。

一、测量放线

1. 依图放线

依据施工图纸在墙和地面放出墨线，标出剔槽、开孔、预留

图 6.1-1 水路改造

口等位置。冷热水管安装时，应遵循左热右冷、上热下冷的原则，管道间距为150～200mm，并应在管道上设置冷热标志。

2. 施工要点

1）必须根据设计师和业主的要求确定位置，对照图纸准确放线。

2）开槽位置尽量避开卧室、客厅、书房等空间。

二、开槽

1. 墙、地面开槽

使用开槽机按放线位置开槽，开槽要横平竖直，不得切断钢筋。

2. 施工要点

1）使用切割机从上到下、从左到右切割，切割时注意平整。

2）冷热水管的走向应尽量避开煤气管、暖气管、通风管，并与其保持一定的间隔距离，一般间距200mm以上为宜。为便于检测和装配，冷热水管横向离地面高度一般为300～400mm。

3）管槽深度与宽度按照水管大小而定，一般宽度大于管外径5mm为宜，深度则大于外径8～10mm为宜，以便于封槽（图6.1-2）。

4）排水管槽应有一定的排水坡度，一般以2%～3%为宜。

5）厨房、卫生间水路施工或铺设管线前，管槽必须涂刷防水。

图6.1-2 管槽宽度

三、铺设准备

管道铺设前需要准确地测量出水管的长度，并裁好管材。准备好管材配件、做好铺设准备。通常使用的管材是PPR管（图6.1-3）。

PPR管材通常是使用热熔技术连接，即使用热熔机将管道的接口熔化后相互连接（图6.1-4）。PPR管道直径20mm加热时间6s，管道直径16mm，加热时间5s。直径小于25mm的PPR管熔接完保持熔接状态应大于15s。PVC管道多采用胶黏连接，即在管道的连接处都均匀地涂抹上PVC专用胶后将管道接起来。PVC管道连接好后，应进行严密性试验。用橡皮胆堵住下水管向管道内注水，注满后至少十分钟，观察水面不降低，手摸接口处不渗漏为合格。

图6.1-3 铺设准备

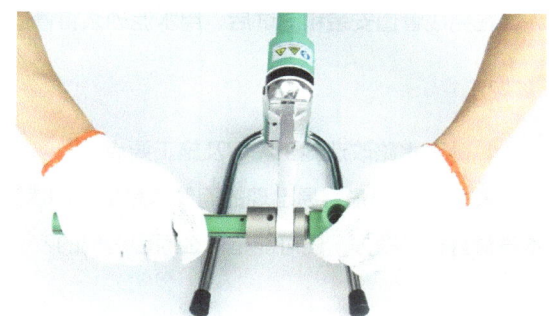

图6.1-4 热熔接管

四、安装固定

1. 冷、热水管道安装固定

冷、热水管道左右排列时，左侧应为热水，右侧应为冷水。上下排列时，上侧为热水，下侧为冷水。改造好的冷、热水出水管口应水平一致。连接好的管道应横平竖直、固定牢固。

2. 施工要点

1）注意冷、热水管头一定要安装牢固，防止发生杂物堵塞。如果较长时间中断施工，应将管口用管塞封堵。一旦发生管头堵塞，会给施工和日后使用带来非常大的麻烦。

2）户内冷、热水管不许混用。

3）管材采用管卡进行固定。直径15mm的冷水管管卡间距不大于0.6m，直径15mm的热水管管卡间距不大于0.25m。直径20mm冷水管管卡间距不大于0.6m，直径20mm的热水管管卡间距不大于0.3m。管卡安装必须牢固。

4）铜管连接最好采用焊接，用锡焊或铜焊。焊接时注意表面去氧化层处理并要掌握好火焰的温度，避免出现假焊以致破坏管质。焊好后，铜管表面必须用环氧树脂涂好保护膜再套上套管。

五、管道检测

水路改造最容易出现的问题就是爆管和渗漏。爆管原因多是管材本身存在质量问题，而渗漏除了管材本身有问题外，还可能是施工不规范造成的。不管是爆管还是渗漏，只要出现问题都会给日常的生活使用造成很大的不便，而且返工极其不便。所以在水路改造完成后要进行加压测试，在测试后确定没有问题的情况下才能埋水管。给水管路安装完成24h后，须对其进行管道压力测试。加压测试需要使用专门的水管打压设备（图6.1-5）。

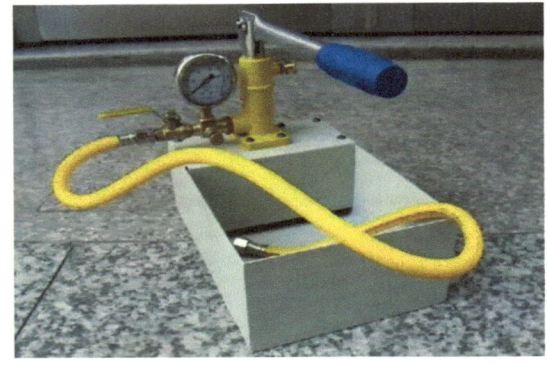

图6.1-5　水管打压设备

试压机对冷、热水管进行施压检测，通过使用比日常生活使用更大的水压，检测水管是否会出现渗漏。在压力增大的前提下，渗漏很容易被发现。试验前，管道应进行安全有效地固定，接头部位必须拧紧固定。

管道铺设完毕后，将各个出水口封堵，用打压泵缓慢注水，将管内空气从末端排出再进行加压测试。压力表定标为0.9MPa，稳定1h后，压力下降不大于0.03MPa，则管路通过加压测试。同时检查冷、热水管及各连接点不得出现渗漏现象。

需要特别注意的是，加压不能过大。水管可能没有问题，但因为加压过大反而导致水管爆裂。加压时间也不能太长，控制在50~60min满足测试要求即可。在试压过程中，因为水管中可能还存着少量空气，所以一定的压力下降是正常现象。压力下降到一定的数值就会停止下降，如果压力一直下降，说明水管存在问题。

在完成管道安装和测试后，用水泥砂浆将管道槽填平。做好墙面和地面基层处理后，就可以进入下一个施工环节了。

【练习】

1. 简述水路改造施工流程及施工要点。

2. 水路改造最容易出现的问题就是爆管和渗漏。爆管原因多是管材本身质量问题，而渗漏除了本身材料有问题外，还可能是什么原因造成的？

水路改造施工流程及施工要点

6.2　防水涂料施工流程及施工要点

一、防水涂料的施工流程

在家居装修中，防水工程特别重要，如果防水工程的质量较差，后期返修会给业主的生活带来很多困扰，也会在一定程度上影响邻里关系。防水涂料主要用于防水工程中，保证了防水涂料的施工质量，对保证防水工程的质量有很大的帮助。

1. 基层清理

将基层彻底清扫干净，不得有浮尘、杂物、明水等，并随时注意保持基面清洁卫生。基层表面应平整，不得有空鼓、起沙、开裂等缺陷（图 6.2-1）。

2. 墙、地面防水阴阳角做法

在地面与墙面相交阴角处采用 1∶2.5 水泥砂浆，做圆弧形 R 圆角，保证圆角平整光滑贯通（图 6.2-2）。

图 6.2-1　基层清理

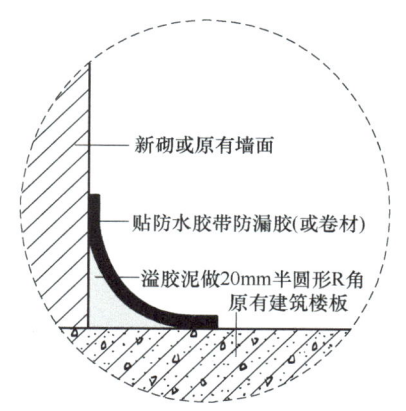

图 6.2-2　墙、地面防水阴阳角工艺做法剖面图

3. 铺设无纺布

在墙面、地面、阴阳角、管根、地漏处附加无纺布，用防水浆料黏铺，阴角或阳角两侧各留 100mm。

4. 涂刷第一层防水膜

用毛刷或滚筒蘸取渗透剂产品，均匀涂抹于防水面，涂抹后保养 0.5～3h，达到进一步清理地面、修复细小裂缝的作用。用滚筒蘸取防水浆料，按顺序均匀地滚涂大面，每滚压住上一滚 1/3 滚筒宽度，阴角管根用漆刷涂，涂抹厚度控制在 1mm 内。

5. 涂刷第二层防水膜

约 6h 后第一层防水涂层成膜，此时用滚筒蘸取防水浆料，均匀滚涂第二遍。滚涂方向与第一遍相互垂直，阴角管根用漆刷涂，刷涂厚度控制在 1mm 内。自阴角线起淋浴位置的墙面涂刷高度不低于 180cm，其余位置的墙面涂刷高度不低于 120cm。

6. 闭水试验

防水层施工完毕，养护 48h 后即可进行闭水试验（图 6.2-3）。水位最浅处的蓄水深度不小于 20mm，闭水时间 24h，如未发生渗漏，即可进行下道工序的施工。

7. 防水保护层

地面闭水试验完成后，抹 1∶3 的水泥砂浆作为保护层（图 6.2-4）。

图 6.2-3　闭水试验

图 6.2-4　防水保护层

二、防水涂料的施工要点

1. 要做找平层

首先，要用水泥砂浆将地面做平（特别是重新做装修的房子），然后再做防水处理。这样可以避免防水涂料因薄厚不均或刺穿防水卷材而造成渗漏。

2. 要做好重点部位

墙体与地面之间的接缝，以及上下水管道与地面的接缝处，是最容易出现问题的地方。所以这些部位一定要格外注意，处理一定要细致，不能有丝毫的马虎。

3. 卫生间的墙面也要做防水

为了达到较好的防水效果，一般卫生间的墙面上也要做大约30cm高的防水处理，防止积水渗透墙面。与浴缸相邻的墙面，防水处理的高度也要比浴缸上沿高出一些。

4. 防水试验

防水施工完毕后，要将卫生间的所有下水道堵住，在卫生间的门口砌一道"矮墙"进行防水试验，注水高度在20cm左右。24h后检查，若卫生间的四周墙面和地面没有渗漏现象，说明卫生间的防水质量很好。反之，要找出漏点，进行维修。

【练习】

1. 为什么卫生间的墙面也要做防水？
2. 怎样做防水试验？

防水涂料的施工流程及施工要点

6.3 电路改造施工流程及施工要点

电路改造主要是根据施工要求进行电路管线铺设和电气的安装工作，包括强电改造、弱电改造以及电气设备安装。强电改造指的是各种电器、照明、开关、插座所需要的线路位置的改造；弱电改造指的是网线、电话线等一系列的线路改造；电气设备安装指的是开关、插座的安装。

一、定位放线

根据电路布线图在现场进行放线定位，确定管线的走向、标高。确定开关、插座、灯具等设备的位置，并用墨线进行放线定位（图6.3-1）。

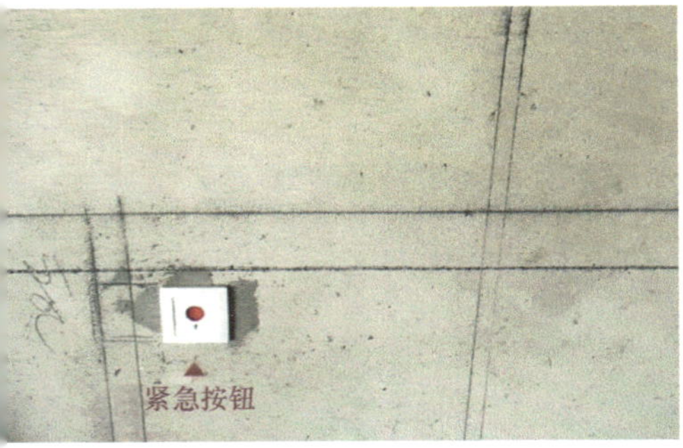

图 6.3-1 放线定位

二、开槽和打孔

1. 沿电路标识线开槽打孔

在确定了线路终端和插座、开关面板的位置后，要沿着电路标识线的位置开槽和打孔。开槽和打孔时配合使用水作为润滑剂，达到降噪、除尘、防止墙面破裂的效果。

2. 施工要点

1）切槽必须横平竖直，切底盒槽孔也必须方正、平直。切槽深度一般比PVC线管、镀锌钢管直径大10mm，比底盒深度大10mm以上。

2）电路改造一般禁止横向开槽。严禁将承重墙体的受力钢筋切断，严禁在承重结构梁、柱上打洞穿孔，因为这样施工容易导致墙体的受力结构受到影响，产生安全隐患。

3）管线走顶棚时，在顶面打孔不宜过深，深度以能固定管卡为宜。

4）切槽完毕后，必须立即清理槽内活动垃圾。

三、架设线管

1. 按照线路图的标识架设线管

布管施工采用的线管有两种：一种是 PVC 线管、另一种是钢管。家庭装修多采用 PVC 线管；在对于消防要求比较高的公共空间中，则多采用钢管作为电线套管。相对而言，钢管具有更好的抗冲击能力和强度高、不易变形、抗高温、耐腐蚀、防火性能极佳等优点，同时屏蔽静电，有效杜绝了强电弱电之间的交叉干扰，保证通信讯号良好传输，当然成本也相对较高。

2. 施工要点

1）在架设线管的时候，不管是 PVC 线管还是钢管，遇到转弯的地方都要用弯管器进行弯曲，这样弯出来的管是有圆形弧度的，方便后期穿线（图 6.3-2）。

2）两个接线盒之间有一个弯时，管路长度不超过 20m 设置一个接线盒。两个接线盒之间有两个弯时，管路长度不超过 15m 设置一个接线盒。两个接盒之间有三个弯时，管路长度不超过 8m 设置一个接线盒。暗配管两个接线盒之间不允许出现四个弯。

3）所有的电线是必须穿管的，不可以裸埋。因为电线外层是塑料绝缘皮，这种材料长时间使用过后会被腐蚀、老化、开裂，造成大面积漏电，为了安全，必须将电线套在线管中。

图 6.3-2 架设管线

4）若布完管之后需要贴砖，布管时两边线管的间距要在 15cm 以上，方便抹砂浆时砂浆能渗透到管子底部的缝隙处，从而与砖充分连接，避免出现空鼓的现象。

5）接好线盒后即可固定管线。明配管线要排列整齐，采用管卡固定，固定点均匀，管与盒的连接处采用锁紧螺栓固定。管卡间的最大距离应小于 1m，管卡与终端、弯头终点、电气器具或者盒边距的距离，宜为 150～500mm。

四、穿线

1. 线管穿线

线管固定好后，即可进行穿线。穿线的施工质量直接决定着用电是否安全和电器能否有效使用。

1）先将 1.2～2mm 钢丝的端头弯曲，目的是防止钢丝尖头划破管材。将钢丝慢慢地插入管材并缓缓地推动，避免过快过猛而导致管材内部损伤。钢丝应从一头穿入，从另一头穿出。

2）将钢丝和电线贴在一起，慢慢地拉动钢丝，将电线拉入管材，直至从另一头拉出。

2. 施工要点

1）在穿线前应该将管内的杂物清理干净，做好穿线准备。当管路较长或者拐弯较多时，可以向管内吹入一定的滑石粉，以增加穿线的顺滑度。

2）电线在管内不应有接头和扭结，接头应设在接线盒内。将电线抽出并远离底盒约 150mm，连接段应该使用电工胶布或者压线帽保护。

3）电线布线时，不同的回路不能穿在同一根管内；不同电压的电线不可穿在同一管内，如照明线和电话线、网络线、电视线在布线时，电视线和照明线要单独穿管，电话线、网络线可共管。

4）插座、照明灯具选用截面为 2.5mm² 的电线。空调、厨房、直热式电热水器、按摩浴缸等大功率电器的插座选用截面为 4mm² 的电线。

5）每条管内电线总截面积不应超过管截面积的 40%，如直径 20mm 管（4 分管）内不能超过 5 根 2.5mm² 的电线或 3 根 4mm² 的电线，这样方便散热和日后维修时顺畅地抽出电线。

6）电线按回路注明编号，分段绑扎，便于识别，完工后要绘制平面、立面电路竣工图。

五、检测及封槽

穿线完毕后必须进行检测，检测合格后才能进行封槽。

1. 检测

1）对照图纸，检查灯具的安装位置是否正确、平整、牢固，开关及插座的数量、位置是否准确，能否正常使用。

2）灯具能否正常使用。

3）漏电保护器（漏电保护开关，主要作用是防止由于电气设备或是电线漏电引起触电事故）能否灵活开启。

4）检测网络线等弱电线是否通畅。

2. 封槽

检测合格即可封槽。

1）封槽前洒水湿润槽内，调配与原有结构的水泥配比基本一致的水泥砂浆以确保其强度，不能采用腻子粉填槽。

2）封槽完毕，水泥砂浆表面应平整，不得高出墙面。天花板的灯线则必须套好蛇管，并用电工胶布或压线帽保护。

【练习】

1. 防水层施工完毕，养护多少小时后即可进行闭水试验？

2. 电路布线图在现场怎样进行放线定位？

电路改造的施工流程及注意事项

Chapter 7 单元七
项目现场施工——瓦工施工

单元概述

本单元详细介绍了居住空间的瓦工施工流程及施工要点，通过实践案例详细讲解瓦工施工中拆墙与砌墙、抹灰、包立管、地面找平、瓷砖进场检验、墙砖和地砖铺贴、踢脚板及窗台板铺贴的施工工艺，旨在解决居住空间项目中常见的瓦工施工问题。

学习目标

学生通过居住空间实践项目中瓦工施工的深入学习，借鉴先进的施工理念，了解居住空间瓦工施工流程的理论知识，通过从知识到实践技能的结合与深入，充分掌握居住空间设计中的瓦工施工流程及施工要点。

7.1 拆墙与砌墙施工流程及施工要点

现代装修中，有不少业主对原有户型不满意，为了让空间更通透，拆墙是改变空间使用最多的方法。拆墙前要明确哪些墙可以拆，哪些墙不可以拆。除了原来的老房子和砖混结构，现在大部分住宅是剪力墙、框架结构，开发商在平面图中一般用加粗加黑的线条标明了不能拆的承重墙和剪力墙，除此之外大部分梁、柱都是不能拆的，当然也有例外，拆墙前一定要与物业或开发商沟通，确定承重墙的位置。

一、拆墙施工

1. 拆除墙体施工流程

1）标识拆除部分：按照设计图纸要求，上报拆除施工作业内容，得到甲方确认后，对需要拆除的部分用墨汁进行标识。

2）保护成品：在进行拆除施工之前，先对施工现场的已完工工程进行成品保护。拆除施工过程中，对现场临时水接驳点、临时电二级箱设施进行保护。对需拆除的墙体周围使用钢管脚手架搭设隔离防护栏杆。

3）拆除窗及栏杆：外墙有窗户及栏杆部分时，首先对窗户和栏杆进行拆除。

4）防水层的保护：在拆墙时，应重点注意对卫生间等有防水层位置的保护。

5）铲除破碎的砖块、墙皮等轻质垃圾、采用人工搬运及清运；将垃圾装入袋子内，人工转运至指定地点集中堆放。

2. 拆墙施工要点

拆墙前有特殊尺寸的墙要提前放好线，再用无齿锯切缝。不暴力拆墙，要用切割机先切割要拆除的位置，切割完让师傅磨平切割处，否则瓦工、木工还需要再加工。开始砸墙前先关闭电源总闸，以免墙体内电线造成短路或触电事故。砸墙过程中会漏出置于墙内的钢筋，要及时用角磨机切掉，以免划伤。钢筋最好不要扔掉，砌墙时可再利用。有的墙体会有底梁，底梁拆除需要用到电锤。若电锤力道较小，可以使用专业的电镐先打孔，再砸墙拆除。

二、砌墙施工

1. 砌墙施工流程

1）施工准备：根据建筑图纸和设计要求，确定墙体的位置、尺寸、高度和结构。计算并准备所需材料，如砖块、砂浆、钢筋等，并确保材料质量符合标准。清理施工地面，进行基础开挖和铺设基础钢筋。

2）基础处理：在基础上浇筑混凝土，形成墙基。在墙基上摆设第一排砖，即"打底"，确保其垂直度和水平度。

3）砌筑墙体：根据设计要求拌制砂浆，确保砂浆的强度和稠度符合要求。砌筑墙体应逐层进行，每层砖的高度一般为115～135mm。砖与砖之间要用适当的砂浆填充，保证墙体的密实性和强度。在墙体的转角和对接处，特别注意接槎和拉结的处理，确保墙体的整体稳定性。根据设计要求，在墙体中预留门洞、窗洞等，位置和尺寸必须精确。

4）细节处理：砌墙完成后，对墙体进行修饰，如清理表面的砂浆、修整砖缝等。根据需要，在墙体表面涂抹防水剂或防霉剂。

5）验收与保护：砌墙完成后，进行验收，确保墙体的质量和安全性。对墙体进行必要的维护和保护，防止因天气或其他因素导致损坏。

2. 砌墙施工要点

1）放线定位：根据设计图纸，确定轴线位置，并在现场进行放线。同时，确定砌筑层标高，并对放线结果进行核实，确保准确无误。

2）拌制砂浆：砂浆配合比应采用重量比，并由试验室确定。搅拌时应采用机械搅拌，投料顺序为砂、水泥、掺合料、水，搅拌时间不少于2min。砂浆应随拌随用，水泥砂浆须在搅成后3h内使用完，混合砂浆须在4h内使用完，不得使用过夜砂浆。

3）砌砖方法：采用"三一"砌砖法，即一铲灰、一块砖、一挤揉。砌砖时砖要放平，确保墙体垂直度、水平度和灰缝厚度符合设计要求。灰缝厚度一般为10mm，但不应小于8mm，也不应大于12mm。

4）留槎处理：新旧墙体交接处应同时砌筑，如不能同时砌筑，应留斜槎，斜槎长度不应小于墙体高度的2/3。若留直槎，必须加拉接筋。

5）砌筑质量：在砌筑过程中，应严格控制墙体的垂直度、水平度、灰缝厚度等关键指标，确保墙体结构稳定、美观。

6）安全措施：在施工过程中，应严格遵守安全操作规程，确保施工人员的人身安全。同时，应设置必要的安全防护措施，如安全网、防护栏等。

【练习】

1. 拆除墙体施工流程是什么？
2. 砌墙施工流程有哪些？

拆改墙体

7.2 抹灰施工流程及施工要点

抹灰，俗称"批荡"，指用石灰砂浆、混合砂浆、水泥砂浆、聚合物水泥砂浆等在建筑物的面层抹上约20mm厚的一层物质，使得建筑物表面平整便于铺贴或扇灰，同时也起到保护墙体或柱以及防水、隔热、隔声等作用。

一、抹灰施工流程

按使用要求、质量标准和操作工序的不同，抹灰分为普通抹灰和高级抹灰两种。

1. 普通抹灰

普通抹灰为两遍成活（一底层、一面层）或三遍成活（一底层、一中层、一面层），需设置标筋，分层赶平、修整，表面压光（图7.2-1）。

2. 高级抹灰

高级抹灰为多遍成活，需设置标筋，角棱找方，分层赶平、修整，表面压光。

（1）抹灰前准备 为控制抹灰质量，抹灰前应进行四角规方，做饼冲筋，放出准线和墙裙、踢脚板线。

1）四角规方。小房间以一面墙为基线，用方尺规方；较大的房间要在地面放出十字线，依据十字线在距离墙角10cm处吊线规方。

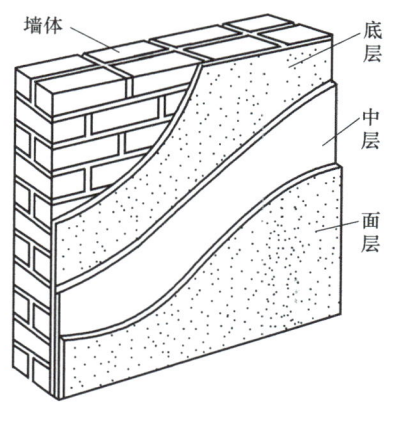

图7.2-1 抹灰层的组成

2）做饼冲筋。根据墙面的平整度和垂直度，决定抹灰厚度（最薄处不小于7mm）。先在墙的上角各做一个标准灰饼（直径约5cm），然后用托线板吊线做墙下角的灰饼，再挂线每隔120~150cm加做若干标准灰饼，上下灰饼之间抹宽度约10cm的砂浆冲筋，木杠刮平（图7.2-2）。

3）放出准线和墙裙、踢脚板线。装饰工程进行前，一般要用水准仪在墙上放出一根基准线（距楼面标高50cm，俗称"50线"），用该线上翻或下翻来控制顶棚、门窗、地面标高和墙裙、踢脚板上口水平线。

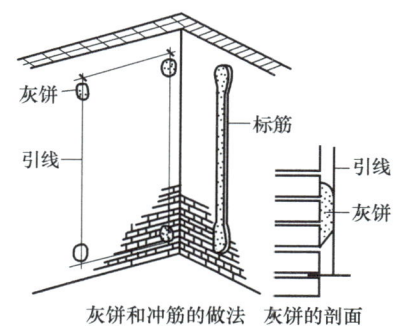

图7.2-2 灰饼与标筋

（2）分层抹灰 底层抹灰厚度一般为5~9mm，作用是使抹灰层与基层牢固结合，并对基层初步找平。底层涂抹后应间隔一段时间，让其干燥，水分蒸发后再涂抹中层和面层。中层起找平作用，可一次或分次涂抹，厚度为5~12mm。在灰浆凝固前应交叉刻痕，以增强与面层的黏结。面层厚度一般为2~5mm。应确保表面平整、光滑、无裂纹。

（3）抹灰层厚度 抹灰层厚度一般为15~20mm，最厚不超过25mm。室内墙裙和踢脚板一般要比面层凸出3~5mm。在加气混凝土基层上抹灰时，其底层和中层的灰浆强度宜与加气混凝土强度相近；底层宜用中砂，中层和面层宜用细砂。水泥砂浆不得抹在石灰砂浆层上。

我国从20世纪70年代开始应用机械喷涂抹灰施工，但未得到大规模的推广。随着干混砂浆的大量应用，机械喷涂抹灰将重新得到广泛应用。

二、抹灰施工要点

1）抹灰所用水泥应进行凝结时间和安定性复检。

2）抹灰所用石灰膏的熟化时间不少于15d，面层用的磨细生石灰粉的熟化时间不少于3d。

3）室内墙面、柱面和门窗洞口的阳角做法在设计中无规定时，应采用1：2水泥砂浆做成暗护角，高度不低于2m，每侧宽度不小于50mm。

4）在不同结构基层的交接处应采取加强措施（铺钉一层钢丝网粉水泥砂浆或用水泥掺108胶铺贴玻纤网格布，与各相交基层搭接宽度不小于100mm）。

5）当抹灰总厚度大于或等于35mm时，应采用加强措施（水泥砂浆打底、细石混凝土找平、铺设钢丝网）。

6）抹灰层在凝结前应防止快干、水冲、撞击、振动和受冻，在凝结后应防止玷污和损坏。水泥砂浆应在湿润条件下养护。

【练习】

1. 抹灰施工有哪些施工方式？
2. 简述抹灰施工的步骤。

批荡施工工艺

7.3 包立管施工流程及施工要点

卫生间有下水管等给水排水管道，这些管道不仅会影响美观，而且昼夜不停的水流声会影响到日常生活，尤其对主卧带卫生间的结构影响更为严重。一般情况下，可以通过包立管的方式来解决上述问题。

一、包立管概念与种类

"包立管"一般是指在装修的时候，采用隔音材料把厨房和卫生间的给水排水管道的立管用装饰材料包起来，然后砌砖墙将管道封闭起来，从而美化空间并达到良好的降噪、防潮效果，同时解决管道结露、浸蚀、发霉等问题。包立管现在分为以下几种类型（图7.3-1）：

1. 砖砌法

在贴砖前，用红砖或轻体砌砖，把立管包起来。砖砌的优点为隔音性好，结实性强，不易变形，贴完瓷片后不易炸缝。砖砌的做法非常简单，就是在水管的周围将红砖垒起来，然后用水泥加固，最后在腻子上刷漆或者是贴墙砖即可。砖砌的缺点是比较厚，占空间。

2. 木龙骨加水泥压力板法

木龙骨加水泥压力板法是一种陈旧的施工方法，施工最简单、省事。其缺点主要是木龙骨在卫生间潮湿的环境下容易吸水、发霉、变形，使瓷片炸缝。为修补木龙骨带来的缺陷，安装后，贴瓷片前对立管根部做防水，防止地面的水流进立管，浸入木龙骨。

3. 轻钢龙骨加水泥压力板法

轻钢龙骨加水泥压力板的包立管不容易变形，是目前使用最普遍的一种材料。其施工用材一定要小心选择，最好选用质量上乘的轻钢龙骨，防止生锈变形，同时施工工艺的正确与否都会影响到包立管的质量。一般使用四根轻钢龙骨做成框架，经监理验收后，再封水泥压力板，挂钢丝网，最后再贴瓷片。

4. 扣板法

扣板法是指采用吊顶扣板直接制作框架包住立管的方法。它不需要补贴瓷片，制作非常方便，比较适合在家庭装修完毕后，再把立管包起来的情况。

安装塑料扣板：在木龙骨上加阳角线，直接把扣板从下端向上安装进去，方法简单，但外形不够美观，与周围墙面

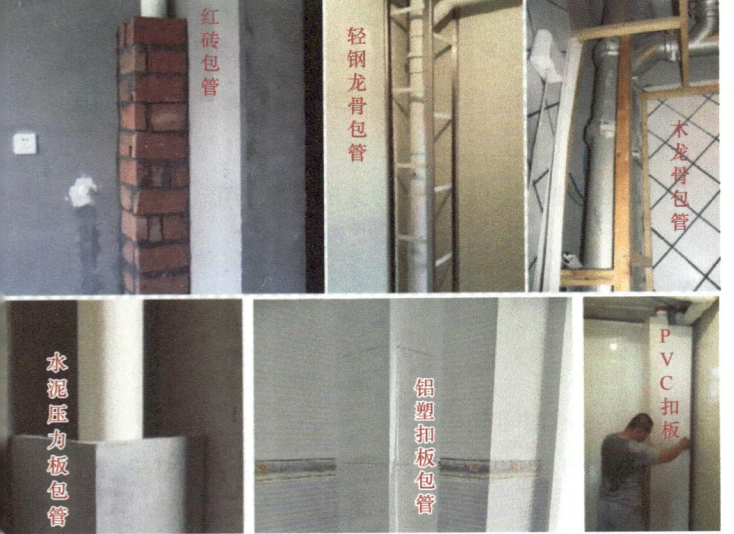

图 7.3-1 包立管的类型

不是很搭配。

安装铝塑板：在木龙骨上钉九厘板，再用万能胶把铝塑板黏上去。铝塑板颜色有多种，装饰接近瓷片的效果，但是铝塑板的包角容易开裂，所以要使用较厚的板材。

二、包立管施工要点

现在包立管的工艺有很多种，通常采用龙骨加水泥压力板工艺，这种方法施工时的注意细节有：

1）如果龙骨用的是木龙骨，则木龙骨要做防腐处理，因为厨房和卫生间很有可能会经常潮湿，尤其是夏天室外温度高的时候里面会产生冷凝水，进而导致木龙骨腐烂。同时木龙骨的尺寸要尽可能粗一些，最好达到 3cm×4cm 以上规格，以防变形开裂；如果用轻钢龙骨则要防止生锈变形。

2）避免水管和包水管的材料直接接触，尤其是 PVC 水管。PVC 水管与包管材料接触时，会起到声波传递甚至共振的效果，下水的声音会很大。如果担心噪声问题，最好先用隔音棉将水管包一下，降低噪声的效果会很好，但隔音棉会占部分空间。

3）不要在厨卫间用石膏板包立管，因为石膏板和水泥黏结性差，贴瓷砖时无法使瓷砖牢固。

4）挂完水泥板后再挂一道铁丝网，否则将来瓷砖接缝处很容易开裂。铁丝网要选择坚挺的，立在地面上不倾倒，太软的铁丝网起不到作用。

三、包立管施工注意事项

1. 留检修口

立管能不包尽量不包，能用可拆卸材料的包法就尽量不用固定包法，能用轻质材料包就尽量不用厚重材料包。特别是在旧房改造装修中，由于管道都是有寿命的，将来有可能需要检修，所以留检修口显得格外重要。

2. 做好防水

可以在厨卫间刷完防水涂料后包立管，也可以包立管后再刷防水涂料。对于给水排水管道，应该在刷完防水涂料后包立管，以免管路漏水祸及邻居。

【练习】

1. 常见的包立管方法有哪些？
2. 包立管步骤是什么？

包立管施工工艺

7.4 地面找平施工流程及施工要点

装修中什么情况下需要做地面找平？地砖铺贴的厚度一般完成面在 3～5cm 之间，地板与地砖之间如果存在的高度差，就需要做地面找平，需要根据所购买的地板厚度来确定地面找平的高度。

一、地面找平施工流程

地面找平是在安装地板之前，对基层做必要的处理，使其不会出现凸包、凹陷、倾斜等问题。地面找平的规范施工流程为：基层处理—找标高、放线—洒水湿润—抹灰饼和标筋—搅拌砂浆—刷水泥浆结合层—铺水泥砂浆面层—木抹子搓平—铁抹子压第一遍—第二遍压光—第三遍压光—养护。

1. 基层处理

先将基层上的灰尘扫掉，用钢丝刷和錾子刷净、剔掉灰浆皮和灰渣层（图 7.4-1）。

2. 找标高、放线

根据墙上的 +50cm 水平线，往下量测出面层标高，并放在墙上。

3. 洒水湿润

用喷壶向地面基层均匀地洒一遍水。

4. 抹灰饼和标筋（冲筋）

根据房间内四周墙上放的面层标高水平线，确定面层抹灰厚度（不应小于20mm），然后拉水平线开始抹灰饼（5cm×5cm），横竖间距为150～200cm，灰饼上平面即为地面面层标高（图7.4-2）。

图 7.4-1 基层处理

图 7.4-2 抹灰饼和标筋（冲筋）

5. 搅拌砂浆

水泥砂浆的体积比（水泥∶砂）宜为1∶3。

6. 刷水泥浆结合层

在铺设水泥砂浆之前，应涂刷水泥浆一层，其水灰比为0.4～0.5（涂刷之前应将地面余灰清扫干净，再洒水湿润），不要涂刷面积过大，随刷随铺面层砂浆（图7.4-3）。

7. 铺水泥砂浆面层

涂刷水泥浆之后铺水泥砂浆。在灰饼之间（或标筋之间）将砂浆铺均匀，然后用木刮杠按灰饼（或标筋）高度刮平。

8. 木抹子搓平

木刮杠刮平后，立即用木抹子搓平。操作顺序为从内向外，并随时用2m靠尺检查其平整度。

9. 铁抹子压第一遍

木抹子刮平后，立即用铁抹子压一遍，直到出浆为止。该操作应在水泥砂浆初凝之前完成。

10. 第二遍压光

面层砂浆初凝后，踩上去有脚印但不下陷时，用铁抹子压第二遍，边抹压边把坑凹处填平，要求不漏压，表面压平、压光（图7.4-4）。有分格的地面压过后，应用溜子溜压，做到缝边光直、缝隙清晰、缝内光滑顺直。

图 7.4-3 刷水泥浆结合层

图 7.4-4 压平、压光

单元七 项目现场施工——瓦工施工

11. 第三遍压光

在水泥砂浆终凝前进行第三遍压光（人踩上去稍有脚印）。铁抹子抹上去不再有抹纹时，用铁抹子把第二遍抹压时留下的全部抹纹压平、压实、压光（必须在终凝前完成）。

12. 养护

地面压光完工后 24h，洒水养护，保持湿润。注意冬期施工时，室内温度不得低于 5℃。

二、地面找平施工后检验标准

1）水泥砂浆面层与基层应黏结牢固，不得出现空鼓。
2）水泥砂浆面层表面应密实压光，不允许有裂缝，脱皮、起砂、不平整等缺陷。
3）用 2m 靠尺检查表面平整度，允许偏差为 4mm。

找平施工工艺

【练习】

1. 简述地面找平施工流程。
2. 地面找平施工后检验标准有哪些？

7.5 瓷砖进场检验

一、瓷砖进场检验流程

1. 检查瓷砖的外包装（图 7.5-1）

首先，检查包装箱是否完整；其次，仔细地检查产品的包装箱上的相关标识是否清楚，包括产品的品牌、商标、型号、色号、规格、生产批号或生产日期；最后，检查包装箱的厂址、电话是否准确。此外，还应核对瓷砖的数量，注意瓷砖的片数和平方米之间的换算：装修所需瓷砖量 = 对应规格的每平方米的瓷砖片数 × 装修面积。

2. 核对送货产品与订单是否相符

1）检查送货品种是否有遗漏。
2）检查送到的每个型号产品是否与看货时一致。
3）检查每款瓷砖的坯体上瓷砖商标是否清晰无误。
4）检查瓷砖的每个型号是否与订货单上的型号一致。

3. 检查瓷砖的质量

1）检查零片和散片是否有磕角、划伤等表面瑕疵，花砖腰线是否有磕碰。
2）检查瓷砖是否有破损。可以用手摇晃一下包装箱，听是否有"嘎吱"的响声，有"嘎吱"响声的说明瓷砖可能会有破损，一定要开箱检查。

图 7.5-1 瓷砖的外包装

3）检查瓷砖的直角度。取四片相同型号的瓷砖进行拼接，如果四片瓷砖不能接缝紧密，总是一条或者两条接缝出现缝隙，说明瓷砖的直角度不是特别好。
4）检查瓷砖的平整度。将两片同样型号的瓷砖取出并置于水平面上，用两手的手尖部位来回地沿瓷砖的边缘部位滑动，如果在经过瓷砖的接缝处时没有明显的滞手的感觉，说明瓷砖的尺寸准确性好，误差小。尺寸误差越小的瓷砖铺贴效果会越好。相反，如果有明显的滞手的感觉，说明瓷砖的尺寸误差较大，会影响铺贴的效果。

4. 关注瓷砖铺贴材料

1）瓷砖铺贴离不开水泥和砂子。在瓷砖铺贴过程中，要关注水泥和砂子的质量，比如水泥的出厂日期、品牌、质量等。若水泥出厂日期超过一个月、没有品牌、沙子的含泥量高，则该材料是不合格的产品。

2）瓷砖铺贴材料是否匹配。瓷砖不仅仅是用于地面铺贴，如果装修时选择了"地砖上墙"，那还需对瓷砖胶进行验收。若上墙的瓷砖还是用水泥砂浆来铺贴，铺贴材料就不匹配了。

二、瓷砖进场后、铺贴前注意事项

1. 在铺贴之前叮嘱工人瓷砖铺贴顺序

正常的瓷砖铺贴顺序应该是从房间的最内侧向外铺贴，如果工人铺贴瓷砖的顺序、方式不合常理，应该及时督促工人整改（图7.5-2）。

图 7.5-2　瓷砖铺贴

2. 检查瓷砖胶的型号

如果厨房和卫生间使用全瓷砖，需要使用瓷砖胶薄贴。检查瓷砖胶的型号是否正确，不同类型和尺寸的瓷砖需要不同型号的瓷砖胶。

3. 排版和缝隙处理

提前做好瓷砖排版，避免显眼位置出现窄条。确认瓷砖缝隙大小，一般地砖缝隙留 2.5mm，墙砖缝隙留 1.5mm。

4. 计算瓷砖总用量

瓷砖总用量的计算有两种方法，一是向上取整，即得到的数字如果有小数则往前面整数加 1；二是加上 3% ~ 5% 的损耗。在使用公式计算时，还需要注意阴角阳角的地方、用不到整片的地方都需要按照整片计算，如果需要切割瓷砖的，瓷砖中间部分不可用。

【练习】

1. 常见的瓷砖施工前准备工作有哪些？
2. 瓷砖现场检验要点有哪些？

瓷砖进场检验

7.6　墙砖铺贴施工流程及施工要点

一、墙面砖种类

1. 瓷砖

瓷砖是家装中常用的建材，可以用于墙面或者地面。瓷砖是耐火的金属（或半金属）氧化物经过研磨、混合、高温压制烧结而成，它是一种耐酸碱的瓷质。抛光砖、仿古砖都属于瓷砖，其中抛光砖更加坚硬耐磨，因此适合用于多数室内空间中，比如用于阳台、洗手间、厨房等；仿古砖则是由彩釉砖演化而来，实质上是上了釉的瓷质砖。

2. 瓷片

瓷片指的是用于墙面的内墙砖（图 7.6-1）。与普通的釉面砖相比，瓷片的差别主要体现在釉料的色彩，它的技术含量要求相对较高，经过千吨以上的液压机压制后，高温烧结而成。

二、瓷片与瓷砖区别

1. 厚薄不同

瓷片比较薄，主要用于墙面；瓷砖比较厚，主要用于地面。

2. 光滑度不同

瓷片内不可有一丝气泡，否则易受冻碎裂，因此表面非常光滑。而瓷砖具有防滑性，对内部气泡要求不高。

3. 材质不同

瓷片是通体陶瓷，不属于砖。而瓷砖由瓷土烧制成的，属于砖类。

4. 寿命不同

瓷片的寿命相对来说较短，因为其吸水率较高，用久了容易出现裂纹，甚至断裂的现象，一般市面上的瓷片寿命为七年左右。

图 7.6-1 瓷片

三、墙面贴砖的施工流程（图 7.6-2）

1. 墙砖铺贴—材料准备

1）选砖。将质量有问题的砖（如翘曲、色差、蹦边角）挑选出来，合格的砖注意堆放位置，不影响后续施工。

2）注意要对不同批次、不同色号的砖分开堆放，并预留部分砖以备维修使用。

3）瓷砖泡水 2h 以上，清洗背面粉尘及附着物，捞出晾干。

图 7.6-2 墙面贴砖的施工流程

2. 墙砖铺贴—基层检查处理

对墙面基层全面检查，包括平整度、垂直度、方正性、空鼓、污垢、浮灰等，对不合格部位进行整改，直至合格。水电定位准确、验收完成，门、窗洞尺寸验收合格。需提前一天洒水湿润墙面，去除表面浮尘（图 7.6-3）。

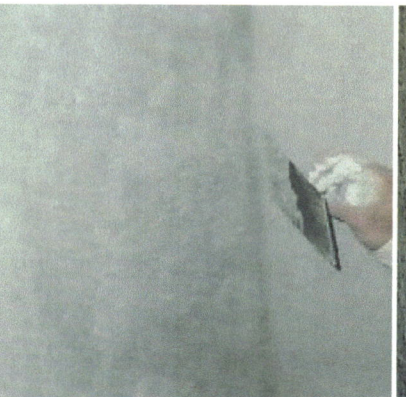

图 7.6-3 全面检查、整改、湿润墙面

3. 墙砖铺贴—排版

根据现场实际尺寸，对装修立面排版图优化：

1）避免出现小条砖。

2）非整砖宽度不宜小于整砖的 1/3，非整砖排放到次要部位或阴角处。

3）避免开关、插座、给水排水口压在两块砖的中间。

4. 墙砖铺贴—放线

1）在地面上放出纵、横控制十字线。

2）根据地面十字线套方后，用激光标线仪放出墙面贴砖完成面线、标高控制线、水平线、垂直线、分格线。

5. 墙砖铺贴—拼角砖加工

拼角砖按 42°斜切，集中机械加工，按户型定量配送。加工过程中的崩角瓷砖可切割加工成小块砖，提高材料利用率，节约成本。

6. 墙砖铺贴—砖背面清理

瓷砖泡水捞出时，需用毛刷或粗纤维清洁球清洗瓷砖背面的灰浆及胚底隔热层氧化镁，防止后期墙砖脱落（图 7.6-4）。

7. 墙砖铺贴—贴砖

图 7.6-4　砖背面清理

1）用大马力的搅拌设备充分搅拌水泥浆，可加入 2%～5% 的 108 建筑胶水，完成后静置 3min 再使用（注意水泥浆的稠度），铺贴最佳温度为 22～27℃，避免阳光直射铺贴部位。

2）在瓷砖背面满铺水泥浆，厚度控制在 5～8mm，四角刮成斜面。

3）把满铺瓷砖胶泥的砖沿托板贴上墙，用橡皮锤敲打。瓷砖要统一按砖背面指示箭头方向铺贴，采用电动瓷砖平铺机和瓷砖开孔定位器（图 7.6-5）。

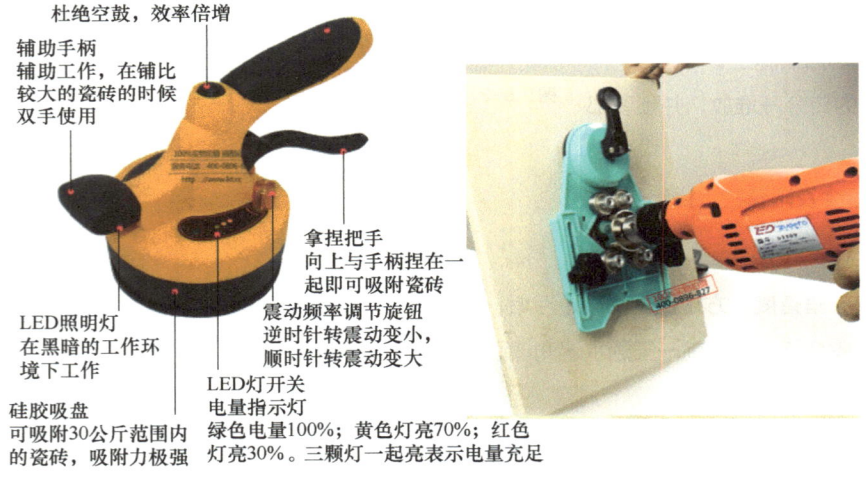

图 7.6-5　电动瓷砖平铺机、瓷砖开孔定位器

4）贴好后，空隙用水泥浆填满。

5）在墙面砖外皮上口拉水平通线，作为镶贴完成面的标准。

6）在瓷砖铺贴的过程中，采用塑料十字架插入砖缝，等到水泥凝固后，再取出来，可以使砖缝均匀，并将其控制在 1mm（图 7.6-6）。

7）黏贴 3～4 块（排），用 2m 靠尺检查表面的垂直度、平整度（垂直度＜2mm，平整度＜2mm）（图 7.6-7）。

8）贴完一面墙后，放出另一面墙的完成面控制线。

9）阳角需吊垂线或用激光扫平仪照线黏贴。

8. 墙砖铺贴—自验

1）用整块瓷砖检查墙角的阴阳角是否方正或是否平整。

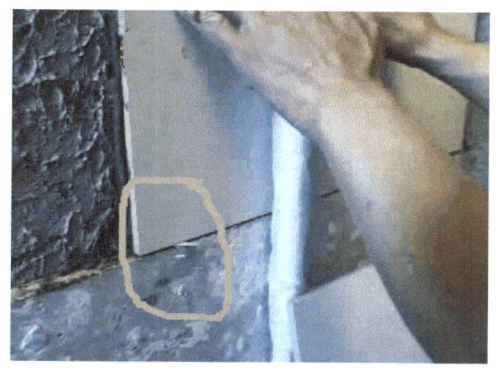

图 7.6-6 塑料十字架插入砖缝

图 7.6-7 靠尺检查

2）用 2m 靠尺检测墙面垂直度、平整度。

3）用激光扫平仪检测阴阳角方正度。

4）用响鼓槌检查墙砖有无空鼓。

9. 墙砖铺贴—清洁

铺贴、勾缝完成后，清理墙面多余的勾缝剂、房间内的水泥、碎砖等杂物，做到工完料净场清。

【练习】

1. 墙面砖种类有哪些？
2. 简述墙面贴砖的施工流程。

墙面砖施工工艺

7.7 地砖铺贴施工流程及施工要点

一、地面铺贴砖材种类及特点

一般常用的有通体砖、抛釉砖、抛光砖、玻化砖、仿古砖、哑光砖（图 7.7-1）。

1. 通体砖

通体砖的特点是表面没有釉层，并且因其正反面所使用的材料相同，所呈现的色泽一致，所以被称为通体砖。通体砖的硬度高、吸水性低、耐磨性好，但花色相对于釉面砖来说就显得非常的单调。不过随着室内设计越来越倾向于素色设计，通体砖的运用也不失一种时尚，现在它也被广泛地运用在家庭装修之中。

2. 抛釉砖

抛釉砖是一种可以在釉面进行抛光工序的一种特殊配方釉。抛釉砖的釉面如抛光砖般光滑亮洁，同时其釉面花色如仿古砖般图案丰富，色彩厚重或绚丽。

3. 抛光砖

抛光砖的特点是表面比较光滑、硬度高、坚固耐用，并且富有光泽感。它在阳台和一些室外建筑的外墙装修上使用得比较普遍。抛光砖是将通体砖的表面打磨后而形成的一种光滑度比较高的砖，现在的抛光砖大多运用了渗花技术，可以做出各种仿古、仿木的效果。

4. 玻化砖

玻化砖的特点是硬度较高、耐磨性好、可塑性强，因此它的使用寿命较长，即使长期使用也不容易出现裂纹。它在卫生间和客厅等空间有很好的装饰性。玻化砖是由石英砂和泥按照一定的比例烧制而成，经过打磨变得光亮且不需要抛光。玻化砖的表面如玻璃一般光滑透亮，它的外观大气漂亮，受到广大消费者的喜爱。

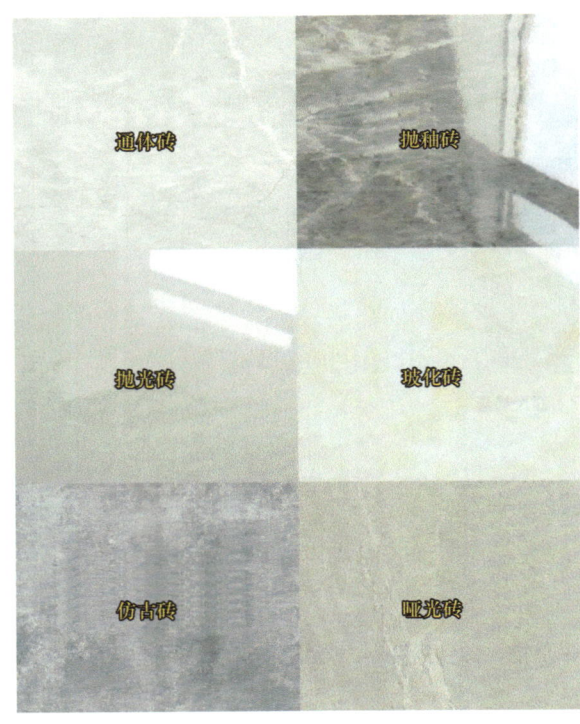

图 7.7-1　地面铺贴砖材种类

5. 仿古砖

仿古砖是釉面砖的一种，本质上是上釉的瓷质砖，将瓷质砖的样式做旧，使其外形表现得就像石材表面用久后的效果。仿古砖花色多，防滑又耐磨，适合小规格使用，适用于露台、厨房、浴室、阳台等。

6. 哑光砖

与抛光砖相反的就是哑光砖，不会因过亮而刺激眼睛，看起来柔和，比亮面砖容易吸脏，常用于餐厅、厨房等。

二、地面贴砖施工流程

1. 准备工作

清理基面，确保地面平整、干净，没有灰尘、油污、旧的黏结材料等。检查所有地砖，确保没有破损或缺陷。

2. 找平基面

如果地面不平整，需要使用自流平砂浆或水泥砂浆进行找平，确保找平后的地面光滑均匀。

3. 涂抹胶水

使用合适的地砖胶水。根据制造商的建议和说明，按照施工标准将胶水均匀地涂抹在地面上，使用齿形刀来创建均匀的胶痕，以确保地砖有足够的黏附力。

4. 铺贴地砖

从房间的一个角落或中心点开始铺贴，根据设计或施工计划选择合适的方式，注意使用瓷砖间隙交叉器来保持地砖之间的间隔一致（图 7.7-2）。

5. 剪裁和切割

当需要修剪地砖以适应边缘或角落时，使用瓷砖切割工具进行精确的切割（图 7.7-3）。注意佩戴合适的安全装备，以防切割时被产生的粉尘和碎片伤害。

图 7.7-2　试铺及调整

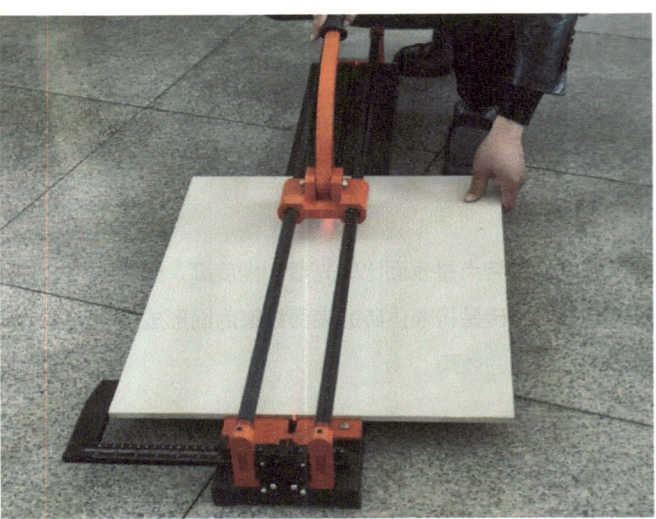

图 7.7-3　瓷砖切割

6. 定位和水平

使用水平仪和木槌来确保地砖的定位和水平度，特别是在墙边和门口。调整瓷砖的位置以确保整体外观均匀。

7. 等干和固化

胶水固化和地砖稳定通常需要一段时间，具体用时取决于所使用的胶水类型和室内温度。在此期间，避免在地砖上走动或向地砖施加重压。

8. 填缝

一旦地砖固定，使用地砖专用的缝隙填充剂填补瓷砖间隙，确保填缝剂充分填充并表面平滑（图 7.7-4）。

9. 清洁

使用湿布清洁地砖表面，清理多余的缝隙填充剂和胶水，以确保地砖表面整洁。

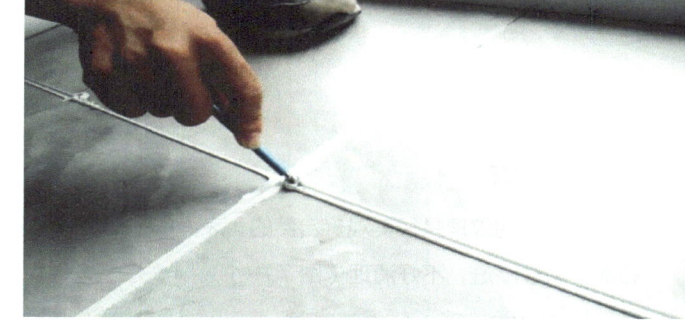

图 7.7-4　瓷砖美缝

三、地面贴砖施工技术要求

1. 基层的技术要求

1）清理表面杂物，如凸起浮浆、灰尘、污垢、油渍等。

2）严格控制铺装层的厚度，凸起浮浆应及时凿除，避免因此影响净空高度。

3）试排版后，将主要控制线引测至墙面，提前一天浇水湿润地面。

2. 放线的技术要求（图 7.7-5）

1）以建筑一米线为基准，放出地砖完成面高度及找坡控制线。

2）严格控制厨房、卫生间的流水坡度（施工过程中破坏原防水层的，必须补做防水处理）。

3）按照排版图进行现场放线，主要控制线必须引测至墙上。

图 7.7-5　基础水平线

3. 地砖铺贴的技术要求

1）吸水率大于 10% 的瓷砖在使用前必须浸水，以砖体不冒泡为宜，阴干后方可使用。

2）严格控制干硬性砂浆的配比及含水率，以"手捏成团、落地开花"为宜。

3）铺贴时遇管道、开关、连地件等时，必须用整砖套割吻合，严禁用非整砖拼贴。

4）铺贴一天后，必须进行空鼓检查，若有空鼓，则需重新铺贴。

5）地砖平整度用 2m 水平尺及塞尺检查，误差不得超过 2.0mm，相邻砖高差不得超过 0.5mm，观感质量必须达到合格标准。

4. 收尾要求

1）地砖铺完应及时拦挡并告知不得踩踏，一天后方可上人作业。

2）地砖铺完并验收合格后，用厚纸板、夹板或旧地毯等遮盖保护，防止施工过程中交叉污染。拼缝间用宽胶带黏贴严密，防止杂物进入。

3）踢脚板压地砖收口，必须保证墙面平整，避免出现上口大小头问题。

【练习】

1. 地砖铺贴施工流程有哪些？
2. 地砖铺贴的技术要求有哪些？

地面砖施工工艺

7.8 窗台板铺贴施工流程及施工要点

一、窗台板材料种类及特点

1. 大理石

大理石的纹理是很美观、自然的，表面的光滑度是几种常见石材中最高的，但是成本比较高，而且因为密度问题，大理石很容易被渗透，不好清理（图7.8-1）。

2. 花岗石

花岗石的纹理颗粒分明，花色比较少，所以远不如大理石美观，而且因为大理石和花岗石都是天然石材，所以成本也比较高。但是花岗石比大理石更坚硬、耐用，不容易吸水，比较好打理。

3. 人造石

人造石的成本比较低，且绿色环保，而且可选的花色比较多，可塑性很强，但是不如天然石材坚硬、耐用，而且光滑度和色泽也远不如大理石（图7.8-2）。

图7.8-1 大理石窗台

图7.8-2 人造石窗台

4. 木质板

木质板兼顾了实用与美观，但其实木质板的成本并不低，而且还非常容易干裂变形。木质板偶尔染上的污渍很难去除，且木质板也只适合自然淳朴的装修风格（图7.8-3）。

5. 瓷砖

瓷砖比木质板更好打理，花纹的选择性也比较多，成本也比较便宜，可以根据需求拼接。但是瓷砖质感比较差，而且还需要注意勾缝效果美观等问题（图 7.8-4）。

图 7.8-3　木质窗台　　　　　　　　　　　　　　　　图 7.8-4　瓷砖窗台

二、窗台板施工流程（图 7.8-5）

①对窗台尺寸进行实际测量。　②依据窗台尺寸，在石材上放出切割线。　③用手动切割机沿墨线切割。　④铺贴前先进行基层处理，并浇水湿润。

   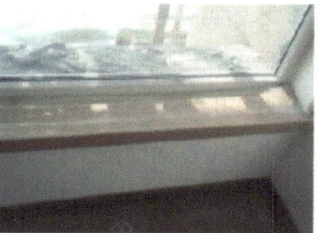

⑤刷素水泥浆(水灰比为0.5左右)，水泥浆应随刷随铺砂浆。　⑥用铁抹子拍实抹平然后进行石板预铺，用橡胶锤敲击板中并用水平尺控制其水平。　⑦用尺子及红外线水平仪测量窗底侧两边标高一致。　⑧铺贴完成后，将窗台铺贴下口的溢口浆清除干净，并将下口缝隙填实。

图 7.8-5　窗台板施工流程

三、窗台板施工要点

1）若设计图纸没有特别说明，窗台石的长度一般要求为：①1.5m 以内的窗台 1 块铺贴；②大于 1.5m 小于 2.5m 的窗台平分 2 块铺贴；③大于 2.5m 小于 4m 的窗台平分 3 块铺贴；④大于 4m 小于 5m 的窗台平分 4 块铺贴。

2）采用湿作业法铺贴的天然石材应做防碱处理。

3）浅色石材宜用强度等级 32.5 级以上的白色硅酸盐水泥铺贴，以防泛碱。

4）窗台石铺贴前，应先对铝窗下框边进行防水检查，如有渗漏现象，需用防水砂浆对窗边进行处理。

图 7.8-6 L 形窗台采用 45° 对接

5）窗台基层浮尘、油污等杂物应清洁干净，防雷接地连接完成。

6）铺贴前先预铺。将预铺的 1 : 3 干硬性水泥砂浆浇水湿润，然后铺一层 2 ~ 3mm 厚的干硬性水泥。将窗台石小心地先铺放一边，再轻放另一边，最后用橡皮锤轻敲，使其平整密实。

7）"L"形窗台石对接应采用 45° 对角拼接（图 7.8-6）。两块对接石材拼缝用同一种颜色的两液混合硬化胶填塞密实、平整，拼接石材色泽、纹理必须一致，接缝无高差。

8）窗台石（或下贴线条）与墙不得存在离缝，以便于墙面腻子收于阴角。

9）窗台石外露边均需倒角 3mm，棱角磨圆，可视面抛光。

10）窗台石应紧贴窗框，低于窗框 5mm，间隙不大于 1mm，采用与石材同色胶填缝处理。

11）有裂缝、断裂的石材严禁使用，成品须保护到位。

【练习】

1. 窗台板的材料都有哪些种类？
2. 窗台板施工流程有哪些？

窗台板施工工艺

7.9　踢脚板施工流程及施工要点

踢脚板，顾名思义就是脚踢得着的墙面区域，该块区域较易受到冲击。做踢脚板可以更好地使墙体和地面之间结合牢固，减少墙体变形，避免墙体因外力碰撞而破坏。在居住设计中，阴角线、腰线、踢脚板起着平衡视觉的作用，利用它们的线形感觉及材质、色彩等在室内相互呼应的特点，可以起到较好的美化装饰效果。布置踢脚板的另一个作用是踢脚板具有保护功能。

一、踢脚板种类及特点

1. 木质踢脚板

木质踢脚板（图 7.9-1）有实木的和密度板的两种款式。实木踢脚板的成本较高一些，选择实木踢脚板的家庭相对较少，密度板踢脚板的价格就没有实木踢脚板那么高了。但木质的踢脚板都有一个普遍的问题，那就是受气候影响很大，极易发生起拱的现象。

2. PVC 踢脚板

PVC 踢脚板（图 7.9-2）是一种价格很低的踢脚板，其外观常常会做成仿木纹路，是木质踢脚板的一种价格低廉的替代品。但 PVC 踢脚板的装饰效果不如木踢脚板。

图 7.9-1　木质踢脚板

图 7.9-2　PVC 踢脚板

3. 瓷砖踢脚板

瓷砖踢脚板（图7.9-3）是目前常见的几种踢脚板之一，它的价格相对适中，款式、图案也多种多样，还十分耐用，是业主普遍选择的类型。瓷砖踢脚板更适合用在地面是瓷砖或是石材的空间里。

4. PS（聚苯乙烯）高分子踢脚板

PS高分子踢脚板（图7.9-4）主要是为了替代实木踢脚板和不锈钢踢脚板而出现。PS高分子踢脚板以塑料高分子为主要材质，表面以木色或大理石纹理进行装饰，防水、耐磨性好，但成本高于PVC踢脚板和密度板踢脚板，故而并不适用于大部分家庭。

图7.9-3 瓷砖踢脚板

图7.9-4 PS高分子踢脚板

5. 不锈钢踢脚板

不锈钢踢脚板（图7.9-5）的成本高、安装复杂，但使用寿命长，耐用的特点使其免去了日后维修的麻烦。不锈钢踢脚板的缺点是使用范围较小，大多用于现代风格的家居中。

二、踢脚板施工流程

1. 钻孔

钻孔前要观察好水电的布线走向，以防损伤线路。钻孔的间隔不能太大，不然踢脚板难以贴住墙面。要使用专用工具在墙面钻孔。踢脚板常见的长度范围在1.8～2.5m之间，具体长度会因材质不同而有所差异。为了将踢脚板固定得更牢，钻孔的间隔应在40cm左右。将小木条钉入打好的孔中，固定踢脚板的钉子就钉在这木条上。若直接钉在墙上，钉子容易松动。需要注意的是，由于水电工程的管线就埋在墙壁上，开关插座的正下方就是管道的位置，打孔时要算好位置，避免破坏水、电线。

2. 固定

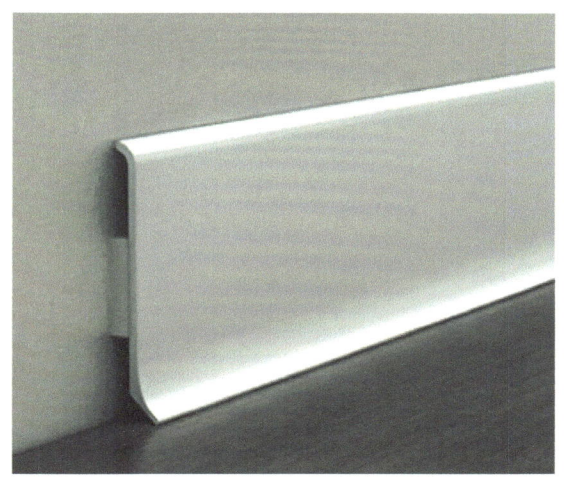

图7.9-5 不锈钢踢脚板

固定踢脚板前要对墙面进行平整、清理，不然踢脚板装上去后，不能完全贴紧墙面，会留下难看的缝隙。看准钻孔的位置，再用钉子固定住踢脚板。固定时要注意踢脚板与墙面是否紧贴，钉子也应完全钉入踢脚板内。需要注意的是，无论是PS高分子、密度板还是实木材质的踢脚板，都有热胀冷缩的特性，因此靠墙角的踢脚板也应像地板一样，留出1cm左右的伸缩缝。

3. 边角处理

在墙角处踢脚板相交的地方，踢脚板的边缘要进行 45°角的裁切，这样接口处就不会留下难看的痕迹。将裁切好的踢脚板进行固定。

三、施工要点

1）固定踢脚板的钉子要用专门的螺纹钉，专用螺纹钉的固定效果更好，不易松动。

2）踢脚板的作用是遮住地板的伸缩缝，让地面更美观，因此踢脚板相交的边缘要用刨子刮平整。

3）踢脚板只有完全紧贴墙面，不留缝隙，才更美观。墙角的踢脚板要特别注意，安装前就应测试墙面的平整度。

踢脚线施工工艺

【练习】

1. 踢脚板都有哪些种类？
2. 踢脚板施工流程有哪些？

Chapter 8 单元八
项目现场施工——木工施工

单元概述

本单元详细介绍了居住空间中的木工施工的施工流程，通过案例中轻钢龙骨石膏板吊顶、木龙骨夹板吊顶、铝扣板吊顶、全屋定制柜体安装、地台安装、成品门安装、门窗套安装、木地板安装施工流程及应注意的施工要点，旨在解决各种木工施工问题。

学习目标

学生通过装饰装修实践项目中木工施工的深入学习，掌握居住空间木工施工流程及施工要点的理论知识，实现从知识到技能的过渡，为设计实践打好基础。

8.1 轻钢龙骨石膏板吊顶施工流程及施工要点

随着经济的发展和人们生活水平的提高，业主对家居环境的要求越来越高。不管是家装还是工装，石膏板吊顶的运用非常广泛，其优点包括美观、实用、隔音等。轻钢龙骨石膏板吊顶拥有自身重量较轻、防火性能优良、施工效率高、结构安全可靠、抗冲击和抗震性能好等优点，在石膏板吊顶中运用比较广泛。

一、轻钢龙骨石膏板吊顶的材料及配件

轻钢龙骨石膏板吊顶常用于客厅、卧室空间，轻钢龙骨石膏板吊顶的材料与配件如下：

1. 轻钢龙骨的材料（图 8.1-1）

轻钢龙骨是以优质的连续热镀锌板带为原材料，经冷弯工艺轧制而成的建筑用金属骨架（图 8.1-1）。

图 8.1-1 轻钢龙骨

2. 轻钢龙骨石膏板吊顶的配件（图 8.1-2）

轻钢龙骨石膏板吊顶的配件主要有大吊、吊件、彩吊、支撑卡、主接、副接等。

大吊
用途：吊主龙骨安装配件
用法：每0.5m安装1个

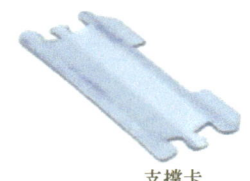
支撑卡
用途：支持龙骨不变形，也可以卡在穿心龙骨
用法：每1m安装1个

吊件
用途：挂50主龙骨，下面挂50副龙骨
用法：每1m² 安装4个

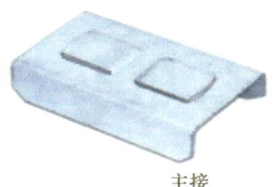
主接
用途：连接作用
用法：根据施工方案定

彩吊
用途：吊中龙骨安装配件
用法：根据施工图纸定量

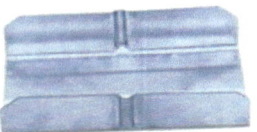
副接
用途：连接作用
用法：根据施工方案定

图 8.1-2　轻钢龙骨配件

二、轻钢龙骨石膏板吊顶的施工流程

轻钢龙骨石膏板吊顶根据其制作工艺不同，又分为平顶和跌级吊顶，轻钢龙骨石膏板吊顶的施工流程，主要分为以下四大步骤：第一步材料及设备的准备；第二步放水平线；第三步吊装龙骨；第四步固定石膏板。

三、轻钢龙骨石膏板吊顶的施工要点

1. 测量放线

依据设计要求，放出吊顶边龙骨、下皮线及龙骨分档线。

2. 安装边龙骨

使用电锤在墙上打孔，植入塑料膨胀螺栓。边龙骨端头不宜大于50mm，固定点间距不宜大于400mm。安装吊顶边龙骨，使用自攻螺钉固定牢固。

3. 安装吊杆

在顶面龙骨分档线位置打孔，组装吊杆，使用膨胀螺栓将其固定在楼板上。组装好的吊杆应做好防锈处理，吊杆间距不应大于1200mm。

4. 制作窗帘盒

在吊杆上固定L形挂件，安装基层阻燃板。使用自攻螺钉将组装好的L形阻燃板固定在挂件及边龙骨上。在基层板外侧及墙面四周安装边龙骨，使用自攻螺钉固定。

5. 安装主龙骨

在吊杆上固定主龙骨吊挂件，同根主龙骨上相邻挂件应反向安装。主龙骨放置后，使用横穿螺栓固定夹紧。安装完成后检查主龙骨是否平直，调平后用扳手拧紧螺栓。

6. 安装次龙骨

使用专用连接件固定次龙骨。同根主龙骨上相邻挂件应反向安装，次龙骨末端需与四周边龙骨使用铆钉固定牢固。次龙骨间距不得大于600mm。安装完成后应检查次龙骨是否平直并紧固连接件。根据石膏板模数在对应位置应安装横撑

龙骨。

7. 安装石膏板

固定石膏板使用镀锌自攻螺钉，安装时从板的中间向板四周固定，安装完成后使用水平尺和塞尺检查平整度。在石膏板接缝处填封嵌缝膏，黏贴接缝纸带。最后在石膏板表面批刮腻子，进行下一道工序。

8. 轻钢龙骨石膏板吊顶龙骨的穿插关系、模拟效果图（图 8.1-3、图 8.1-4）

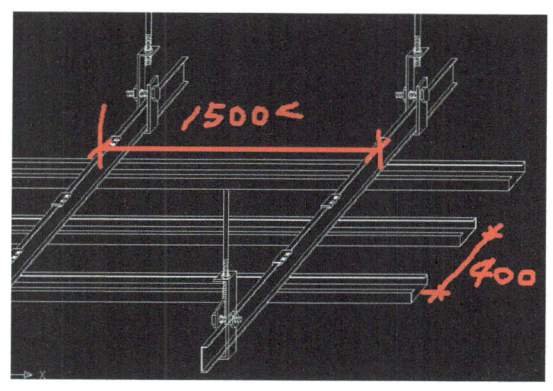

图 8.1-3　轻钢龙骨石膏板吊顶龙骨的穿插关系

图 8.1-4　轻钢龙骨石膏板吊顶龙骨模拟效果图

【练习】

1. 轻钢龙骨石膏板吊顶的材料及配件有哪些？
2. 简述轻钢龙骨石膏板吊顶的施工工艺。

木工施工工艺

8.2　木龙骨夹板吊顶施工流程及施工要点

木龙骨吊顶也称为木方，一般是由松木、椴木、杉木等木材加工而成的长方形或正方形木条。木龙骨吊顶主要是用在吊顶外层，作为装饰油漆的辅助，为其上色起作用。木龙骨吊顶优点是材料成本低、施工方便、可塑性较强。木龙骨接长连接牢固，吊杆与木龙骨、楼板连接牢固。木龙骨吊顶缺点是易燃、易发霉、易虫蛀、不防潮、不防水、不防火。如果潮湿环境吊顶且吊顶处于密闭空间，木龙骨会很快腐蚀，所以木龙骨在厨房、卫生间等潮湿空间不适用。

通常情况下，夹板天花板采用木龙骨作承重骨架，石膏板天花板则采用轻钢龙骨作为承重骨架，但这也不是绝对的，石膏板天花板很多情况下也会采用木龙骨作为承重骨架。考虑到市场上还是有不少人采用夹板天花板，本书将详细介绍一下木龙骨夹板吊顶的施工工艺。

一、木龙骨组成及样式

1. 组成

木龙骨吊顶是由龙骨、吊筋及罩面板等组成，是住宅中常见的一种吊顶形式。

2. 样式

木龙骨吊顶常用于客餐厅、阳台等较为干燥的空间（图 8.2-1）。木龙骨吊顶是以特定的、加工好的木条作为骨架形成的一种吊顶方式，木材骨架料必须是烘干、无扭曲的松木、椴木、杉木。木龙骨最大的特点是施工方便、造型制作简便，但防火性能差，使用不当容易造成夹板开裂。但是木龙骨的造价相对较低。

3. 规格

木龙骨吊顶的常见规格为 30mm×40mm×4000mm（图 8.2-2）。

图 8.2-1 客厅木龙骨吊顶

图 8.2-2 木龙骨吊顶规格

二、木龙骨吊顶施工材料及工具

木龙骨吊顶施工材料主要有以下几种：将构件紧固于砌体上的膨胀螺栓、固结木材质的木螺钉、固结金属材料的自攻螺钉（图 8.2-3）。此外，还包括锯、钻、钉、切割和研磨器具（图 8.2-4）。

图 8.2-3 连接固结材料

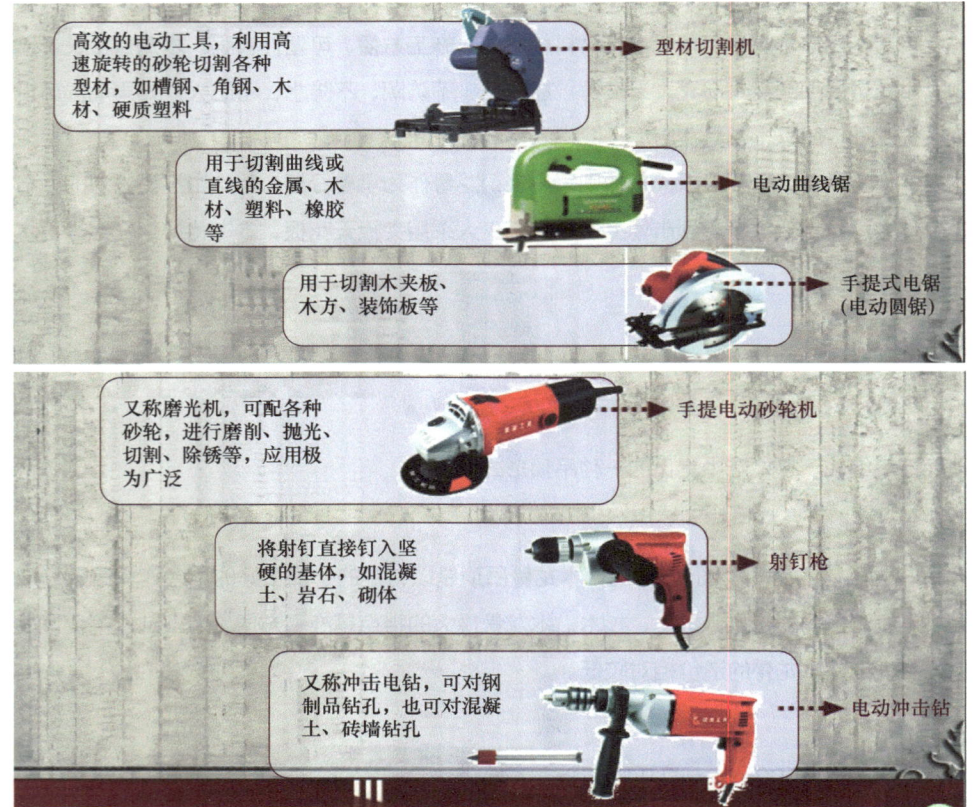

图 8.2-4 施工机具

三、木龙骨吊顶施工流程

木龙骨吊顶的施工流程共有六个步骤：基层放线——龙骨拼装——安装吊点、吊筋——固定沿墙龙骨——固定石膏板——安装基层板。

1. 基层放线

1）放线的内容主要包括：标高线、造型位置线、吊点布置线、大中型灯位线等。

2）放线的作用：一方面使施工有了基准线，便于下一道工序确定施工位置；另一方面能够检查吊顶以上部位的管道对标高位置的影响。

2. 龙骨拼装

1）在吊装前，吊顶的龙骨架应在楼（地）面上进行拼装，拼装的面积一般控制在 10m² 以内，否则不便吊装。

2）对于截面尺寸为 25mm×30mm 的木龙骨，拼接时要在长木方上距中心线 300mm 的位置开出深 15mm 宽 25mm 的凹槽。

3. 安装吊点、吊筋

1）吊点：吊点常采用膨胀螺栓、射钉、预埋铁件等方法安装。常用安装方法为用冲击电钻在建筑结构面上打孔，然后放入膨胀螺栓。

2）吊筋：吊筋常采用钢筋、角钢、扁铁或方木进行安装。吊筋与吊点的连接可采用焊接、钩挂、螺栓或螺钉等方法。

4. 固定沿墙龙骨

沿吊顶标高线固定沿墙龙骨，一般是用冲击电钻在标高线以上 10mm 处墙面打孔，孔径 12mm，孔距 50～80cm。孔内塞入木楔，将沿墙龙骨钉固在墙内木楔上。沿墙木龙骨固定后，其底边与其他次龙骨底边标高一致。

5. 龙骨吊装固定

1）吊装一般先从一个墙角开始。将拼装好的木龙骨架托起至标高位置，对于高度低于 3.2m 的吊顶骨架，可在高度定位杆上做临时支撑。

2）龙骨架与吊筋固定的方法是：将端头对正，用短方木进行连接，短方木钉于龙骨架对接处的侧面或顶面。

6. 安装基层板

1）钉接：用铁钉将基层板固定在木龙骨上，钉距为 80～150mm，钉长为 25～35mm，钉帽砸扁并进入板面 0.5～1mm。

2）黏接：用各种胶黏剂将基层板黏附于龙骨上，如矿棉吸声板可用 1∶1 水泥石膏粉加入适量 108 胶进行黏接。

顶棚是室内空间的重要组成部分，也是施工过程的重点工程。木龙骨吊顶亦是室内装饰工程中常见的一种形式，施工过程中要注重对木龙骨吊顶施工工艺的正确把控。

【练习】

1. 木龙骨夹板吊顶的施工过程有哪些？
2. 木龙骨吊顶施工材料有哪些？

木龙骨夹板吊顶的施工工艺

8.3 铝扣板吊顶施工流程及施工要点

家居设计是根据业主的基本需求、生活方式、精神追求等为出发点来进行的设计，实用性与装饰性的完美结合才能使设计成为优秀的设计作品。在家装中，卫生间、厨房由于使用空间的特殊性，使用的吊顶一般与其他空间不一样。厨房和卫生间既怕潮湿又怕油渍，传统的石膏板吊顶是不能满足其使用要求的，一般使用集成吊顶的吊顶形式，最常用的是铝扣板吊顶。

一、铝扣板吊顶类型及特点

铝扣板是用轻质铝板一次冲压成型,外层再用特种工艺喷涂漆料制成的。因为是一种铝制品,同时在安装时都是扣在龙骨上,所以称为铝扣板(图 8.3-1)。

铝扣板一般厚 0.4~0.8mm,有条形、方形、菱形等形状。铝扣板防火、防潮、防水、易擦洗,同时价格便宜,施工简单,再加上其本身所独具的金属质感,兼具美观性和实用性,是室内吊顶的一种主流产品。铝扣板在公共空间如会议厅、办公室被大量应用,在家居中的厨房、卫生间更是被普遍采用。

图 8.3-1 铝扣板

1. 铝扣板类型

从外表分,铝扣板主要有表面有冲孔和平面两种。最为常见的是平面铝扣板。

2. 铝扣板特点

1)轻质。铝扣板重量轻,方便搬运和安装,同时对建筑物的负荷影响小。

2)耐水、耐腐蚀。铝扣板具有良好的耐候性、耐腐蚀性和耐磨损性,能够抵御水分和其他外界环境的侵蚀。

3)易安装、易维护。铝扣板设计模块化,可以根据不同的装饰需求任意拼接,且安装过程简单,后续维护便利。

4)装饰性强。铝扣板表面平整光滑、颜色多样、外观精美、色泽丰富,能够提升室内装饰的档次和美观性。

5)防火、阻燃。铝扣板具有阻燃特性,可以用于需要防火的场合。

6)环保、节能。铝扣板的主要材料为铝,具有可回收性,不会对环境造成污染。

二、铝扣板吊顶施工材料

铝扣板吊顶主要有 6 种不同的施工材料:主龙骨、三角龙骨、螺纹杆、膨胀管、三角卡片、烤漆大吊。不同的施工材料相互配合才能完成好集成吊顶的施工(图 8.3-2)。

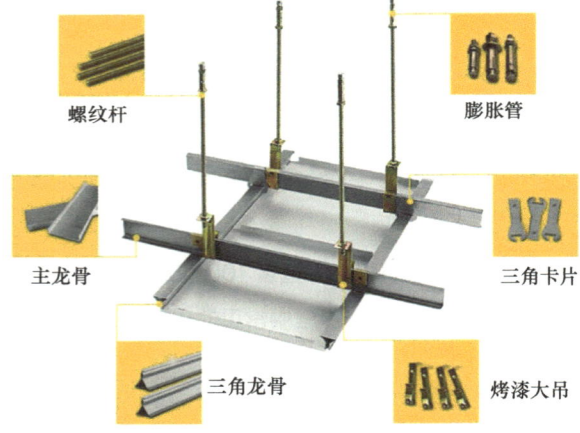

图 8.3-2 铝扣板吊顶施工材料

三、铝扣板吊顶的施工过程

1. 放线定位

依据设计图纸,使用红外线水平仪和墨斗放出吊顶水平控制标高线,主龙骨、次龙骨控制线。

2. 安装吊杆

按放线位置打孔,组装预先加工好的吊杆,使用膨胀螺栓将吊杆固定在顶板上。吊杆安装好后用扳手拧紧,吊杆间距不应大于 120cm。

3. 安装边龙骨

根据控制标高线,在墙上打孔,植入塑料膨胀螺栓,打孔间距应不大于 300mm。使用自攻螺钉将边龙骨固定在墙上。

4. 安装主龙骨

在安装好的吊杆上固定龙骨挂件,相邻龙骨挂件应对向安装。在吊杆上固定主龙骨,安装对穿螺栓,主龙骨安装完成后要检查是否平直。

5. 安装次龙骨

使用专用连接件固定次龙骨,应根据铝扣板规格确定次龙骨间距,安装完成后检查次龙骨是否平直。

6. 安装铝扣板

将铝扣板卡入次龙骨后推紧,用边龙骨卡角卡住安装好的铝扣板,边角位置不能整块卡入的,按留空尺寸进行切割。安装完成后,使用密封胶对铝扣板与墙面交界处进行密封处理。

铝扣板吊顶工程

【练习】

1. 铝扣板吊顶的施工材料有哪些?
2. 简述铝扣板吊顶的施工过程。

8.4 吊顶施工常见问题答疑及应对措施

一、石膏板变形和接缝开裂主要原因

1) 石膏板本身吸水受潮。石膏板虽然有较强的抗湿性,但并不能完全阻止吸水,如果施工中使用了受潮浸湿的石膏板就很可能会导致起鼓、变形。因此,装修中最好使用防水石膏板。

2) 骨架设计和施工不合理。石膏板与龙骨之间的固定不牢或者龙骨不够平直、刚度不够、间距不当都有可能引起变形和裂缝。

3) 嵌缝处理不好。石膏板间应适当留缝,如果施工中采用的牛皮纸和嵌缝腻子的黏结力和强度不够,就极有可能会产生裂缝。

二、天花板裂缝一般出现的部位及控制裂缝注意事项

天花板裂缝一般会出现在石膏板或夹板的接缝处以及石膏板或夹板和墙面的接缝处。在天气骤冷骤热、温差较大时,由于热胀冷缩的原因最容易出现裂缝。要控制裂缝问题需要注意以下几个方面。

1) 材料问题。木龙骨热胀冷缩系数高,要比轻钢龙骨更容易造成开裂,施工时尽量采用轻钢龙骨骨架。此外,石膏板、嵌缝腻子及接缝处贴的牛皮纸的质量也对开裂有影响,在材料选购上尤其要注意。

2) 工艺问题。吊天花板时,龙骨骨架一定要水平,水平差控制在5mm以内。石膏板及夹板接缝处间距控制在3.5mm左右,要开八字口再补黏粉或石膏粉。牛皮纸须贴到位,容易开裂处要贴两层或多层牛皮纸或使用专用防开裂网布。

三、天花板裂缝出现后的解决措施

把开裂的地方全部铲除,重新再贴纸、批灰、刷漆。有些人采用重新涂刷乳胶漆的办法解决裂缝,这是治标不治本的方法,没多久裂缝又会重现(图8.4-1)。如果是骨架或者板材本身的问题造成的裂缝,即使铲除重做也不能根治,最佳的解决办法还是施工时就严格选择材料和规范施工。

四、吊顶不平的原因及解决方法

吊顶不平通常是骨架不平造成的,也有可能是因为吊顶间距过大,龙骨受力过大导致不平。在施工时骨架安装要平直、牢固。此外,轻钢龙骨吊杆间距应为 900~1200mm,不可过大,相隔约200mm钉一颗螺钉固定,螺钉与板边的距离大致为15mm。

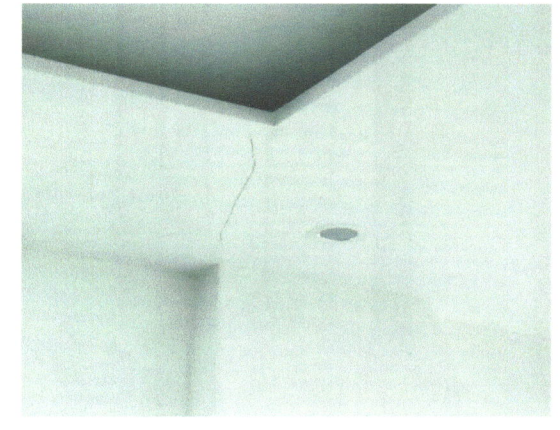
图 8.4-1 天花板裂缝

五、吊顶整体塌落的原因

吊顶使用一段时间后，整体塌落造成人员伤亡的事故时有发生，这主要是吊顶受力不够造成的，其原因主要有：

1）"朝天钉"。吊杆或挂件与楼板固定时，只是简单的钻孔，然后将木榫打入楼板，再用铁钉或螺钉朝天钉入木榫。由于"朝天钉"仅靠钉子钉入木榫，依靠摩擦力承受平顶重量，时间一长，钉子松动，有可能就会导致吊顶整体塌落。

2）"撑平顶"。没有利用吊杆承重，只是简单地将吊顶的龙骨直接用钉固定在四周墙上或梁的侧面木榫中，以此固定吊顶。吊顶仅靠四周固定，中间无吊杆承重，时间长了也容易造成吊顶塌落事故。

3）吊顶过重。有些造型天花极其复杂，也造成了吊顶过重，超过吊杆所能承受的力而造成吊顶塌落。

为了避免出现吊顶整体塌落的情况，在施工时不仅要依靠侧面钉入的木榫受力，还必须在楼板顶面采用膨胀螺栓将吊顶固定，加强受力。此外，吊顶分上人吊顶和不上人吊顶，选择材料时要有区分，同时必须保证所用材料的质量。

六、吊顶设计安装需注意的细节

首先需要注意空间的层高，尤其当前很多住宅空间层高普遍不是很高。当空间层高低于260cm时，大面积地制作天花板并不合适，因为人处于260cm高度以下的空间会感觉到压抑。如果空间层高低于260cm时，最好在局部空间（如过道和空间四周）制作局部天花板。其次是对防水和清洁有较高要求的空间，如卫生间和厨房等处，适合采用防水性和清洁性能更好的铝扣板天花板而不是石膏板天花板。如采用石膏板天花板，则必须涂刷防水性能更好的外墙乳胶漆。

【练习】

1. 吊顶常见问题有哪些？
2. 吊顶不平是什么原因造成的？

吊顶工程常见问题答疑

8.5 全屋定制柜体安装施工流程及施工要点

当前，各种户型、装修风格的居住空间层出不穷，使得大多数家具在设计时相对大众化，很难满足个性要求。全屋定制是集家居设计及定制、安装等服务为一体的家居定制解决方案，是家居企业在大规模生产的基础上，根据业主的设计要求来制造的业主的专属家居。全屋定制作为整体家具新的发展方向，展示出了朝气蓬勃的发展实力。

一、全屋定制的特点及范畴

1. 符合现代人生活追求

随着社会的发展，科技的日新月异，业主越来越注重生活品位的提高，家具在讲究实用的基础上，其艺术价值和审美功能也日益凸显出来。作为整体家具的一个升级版，全屋定制个性突出，在设计的过程中讲究和业主开展深度沟通，能充分地结合业主的生活习惯和审美标准（图8.5-1）。

2. 简化装修流程

买新房装修已经成为令业主头疼的一个问题。首先是装修周期长，有时候工程能长达半年，严重影响业主的工作和生活。其次是需要购买和操心的东西太多。全屋定制概念的提出，简化了整个装修的流程，

图8.5-1 卧室衣柜样式

一体化的设计让业主不再东奔西跑、东拼西凑，在享受到整体性优势的同时，也节约了大量的时间。

3. 将环保提升到一个新高度

能够推出全屋定制的企业，必然有着深厚的技术沉淀和品牌美誉度，这是一种实力的象征。再加上全屋定制注重在环保方面的挖掘，无论是在选材上，还是在工艺制作的过程中，全屋定制都将环保提升到了一个新的高度。

4. 全屋定制的定制范畴

定制是为广大业主提供个性化的家具定制服务，定制主要包括整体衣柜、整体书柜（图 8.5-2）、酒柜、鞋柜、电视柜、步入式衣帽间、入墙衣柜、整体家具等多种产品。全屋定制家具也成了众多家具厂商推广产品的重要手段之一。

二、全屋定制柜体的安装方法及步骤（以橱柜为例）

1. 安装吊片

根据设计图纸确定橱柜的安装高度并放线，标记出吊片的安装位置。在瓷砖墙面开孔，植入塑料膨胀螺栓，用自攻螺钉固定吊片。

2. 组装吊柜及安装

按照组装说明完成吊柜的整体组装并安装相关配件。按照吊片位置安装吊柜，将吊柜安装到位并用螺钉固定牢固。

3. 组装地柜

完成地柜的整体组装并按照相应的位置摆放。

4. 台面安装

图 8.5-2　整体书柜

根据水盆或灶具的厂家安装说明尺寸，在台面上画线并使用机具进行开孔。台面拼接处画线裁去多余部分，涂抹云石胶并对黏接位置进行打磨。

5. 安装挡水条

清理台面与墙面交接处，使用胶黏剂将挡水条固定在台面与墙面阴角线处并打防水胶。

6. 安装踢脚板

将裁切好的踢脚板卡在地脚上。

随着生活水平的日益提高，人们更加注重省时、省心的效果。全屋定制不仅能够极大地减轻储物压力，还能收到满意的装修效果。同时，企业应全面掌握业主的心理需求，设计出更好、更环保的设计作品。

【练习】

1. 柜子的安装方法及步骤有哪些？
2. 全屋定制的特点及范畴有哪些？

柜子制作流程及施工要点

8.6 地台安装施工流程及施工要点

地台是家装中常见的一种家具，常与榻榻米一起搭配使用。地台中通常设有地箱，便于储放物品，且能当床铺使用。

一、地台材质分类

地台主要包括地柜体板和盖板，地柜体板按材质分类有OSB（定向刨花板）、密度板、三聚氰胺板、松木板、杉木板等多种材料可供选择（图8.6-1）。地台的安装配件主要有木楔、二合一连接件、气排钉、角码、铰链、气撑杆等。除此之外，还需要饰面型防火涂料和防腐木油、白乳胶等黏结材料。

刨花板　　　　密度板　　　　三聚氰胺板　　　　松木板　　　　杉木板

图8.6-1　常见地柜体板材

二、地台安装施工流程

地台安装施工流程主要分为七个步骤：地面清理—复核尺寸—组装地柜—安装收边条—盖板安装—现场清理—面层装饰。

1. 地面清理

1）地台安装基层一般有两种：装饰面面层（瓷砖、地板）和水泥砂浆找平层。

2）不论在装饰面面层还是水泥砂浆找平层上安装，现场都需要进行清理。

3）地台安装前还需要对地面进行防潮、防虫处理。

2. 复核尺寸

1）按照设计图纸复核现场尺寸是否按照安装要求预留，有无临时增加设施等。

2）地台的设计高度：不设计升降桌的时候地台高度一般在150～400mm；设计升降桌的时候，地台高度应与业主订购的升降桌完全展开后的高度一致。

3. 组装地柜

1）在厂家预先开好孔的地柜体板上分别安装二合一连接件、木楔，然后根据地柜体板对应的安装孔拼接柜体，拼接完毕后再使用螺丝刀拧紧紧固件，保证地柜体板之间连接牢固不松垮。

2）现场制作时，应根据现场尺寸及设计图纸现场下料，使用气排钉或自攻螺钉进行地柜体板之间的拼接。在做地台基础的过程中，立板最好使用整张，如果需要拼接的话，一定要加强处理拼接处。地台的地板与立板之间可以用木条以自攻螺钉连接，确保承重稳定、坚固牢靠。

4. 安装收边条

可使用成品收边条胶黏（满涂）、气钉固定（间距≥200mm）的方法对地台柜的靠墙侧及外侧收口部位进行收边处理。

5. 盖板安装

1）带铰链盖板：盖板与地柜体板之间用铰链进行连接。在安装前，首先将铰链固定到盖板对应的安装孔上（厂家预开孔），然后将盖板对应到柜体，所有盖板的高度保持盖板上沿与柜体指定位置齐平。用手电钻或螺丝刀将门板的铰链另一侧固定到柜体上，通过使用螺丝刀拧紧或放松铰链上的调节螺母来对盖板进行调平。待盖板调平后，所有铰链全部盖上铰链盖。为便于盖板开合以及避免开合时产生的振动和噪声，可在盖板和柜体间安装液压支撑杆等五金功能件。

2）不带铰链盖板：直接将盖板盖在地柜的分格槽上即可。

6. 现场清理

地台制作完成后及时清理安装过程中的木屑、配件包装、产品包装等，最终进行保洁即可。

7. 面层装饰

可定制榻榻米或其他面层装饰材料直接铺设在盖板面层上。

【练习】

1. 简述居住空间中地台的安装流程。
2. 居住空间中的地台按材质分为哪几类？

地台安装流程及施工要点

8.7 成品门安装施工流程及施工要点

一、门的种类

1. 按开启方向分

按照门的开启方向主要分为平开门、推拉门、折叠门三种（图 8.7-1）。

图 8.7-1 平开门、推拉门、折叠门

2. 按材质分

按照门的材质分主要分为木门、玻璃门、钢木门、金属门等（图 8.7-2）。

二、门的施工流程及主要工具

1. 门的施工流程

门的施工流程主要分为七步：清理门洞、门框组装、门框安装、门扇安装、门套安装、五金配件安装和密封处理。

1）清理门洞。首先清理门洞，根据需求安装加强龙骨。

2）门框组装。将门框的立板与顶板拼接，使用电钻打孔，木螺钉连接牢固。

3）门框安装。在洞口周边墙面放出安装位置线，使用电锤打孔并植入塑料膨胀螺栓。将组装好的门框放置于洞口的合适位置，四周安装 L 形角码。门框用水平撑杆固定，使用自攻螺钉将角码的另一侧固定在墙上。

图 8.7-2　木门、玻璃门、钢木门、金属门

　　4）门扇安装。先安装门框合页，将门扇试装调平后，画线确定合页的安装位置。开槽处理后，使用配套螺钉固定合页。

　　5）门套安装。将门套线胶黏固定于洞口周边墙面处。

　　6）五金配件安装。在门和套线的合适位置开孔，安装金属锁具等五金件。

　　7）密封处理。在门框与墙体之间的接缝处打入发泡胶。

2. 施工主要工具

施工主要工具有卷尺、钢锯、十字螺丝刀、电钻、电锤、角尺等（图 8.7-3）。

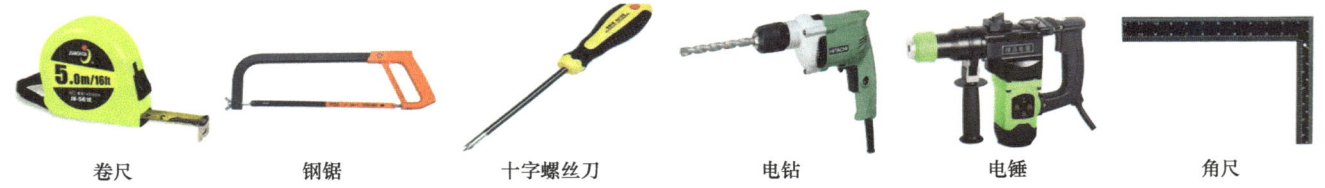

| 卷尺 | 钢锯 | 十字螺丝刀 | 电钻 | 电锤 | 角尺 |

图 8.7-3　主要工具

【练习】

1. 简述居住空间中门的安装步骤。
2. 居住空间中的门主要分为哪几类？

门的安装施工工艺

8.8　门窗套安装施工流程及施工要点

　　门窗套是指在门窗洞口的两个立边垂直面，可突出外墙形成边框也可与外墙平齐，既要立边垂直平整又要满足与墙面平整，故此质量要求很高。就好比在门窗外罩上一个正规的套子，人们习惯称之为门窗套。

一、门窗套种类及特点

1. 实木窗套

　　现代人的环保意识越来越高，实木材料具有环保、美观、自然等优点，因此深受业主的欢迎。但是实木窗套也有它的缺点，经过日晒雨淋后，实木有容易产生变形、热胀冷缩、易裂等缺点。常用的实木窗套的木材种类有樟子松、红松、曲柳等（图 8.8-1）。

2. 饰面板窗套（图 8.8-2）

饰面板分为免漆板和油漆饰面板。市场上免漆类的窗套产品有很多，免漆板就是在 5mm 密度板上压粘一层很薄的色纸。由于色纸的种类多种多样，因此免漆板可以有很多种花色。油漆饰面板是指在板上黏上一层三合板，三合板的种类和花色繁多，也让油漆饰面板看起来各不相同。

图 8.8-1　实木窗套

图 8.8-2　饰面板窗套

3. 底衬板窗套

一般复合窗套常用成品的底衬板（图 8.8-3）和饰面板。底衬板的厚度规格一般为 12mm、15mm、18mm，制作门窗套或柜体的底衬板厚度一般以 18mm 为主。

4. 石材窗套

石材窗套是一种新兴的做法，比较常见的是大理石窗套。现在很多欧式装修建筑都会采用石材窗套（图 8.8-4）。

图 8.8-3　底衬板窗套

图 8.8-4　石材窗套

5. 水泥窗套

水泥窗套（图 8.8-5）是一种全新的窗套类型，虽然流通时间短，但是很受市场喜爱。水泥窗套的可塑性、装饰性很强，可以根据不同的模套制作不同风格的窗套。而且水泥窗套因为制作工艺简单、产量大，所以通常比较便宜。

6. 木线条窗套

若是木工现场制作的窗套,还要安装木线条,窗套收口选用对角胶合板粘贴的方式。平板造型是木线条窗套中最受欢迎的类型。

7. 细木工板窗套

细木工板是指在胶合板生产基础上,以木板条拼接或空心板作芯板,两面覆盖两层或多层胶合板,经胶压制成的一种特殊胶合板。细木工板的特点主要由芯板结构决定,被广泛应用于家具制造、缝纫机台板、车厢、船舶等生产和建筑业。

8. 不锈钢窗套

不锈钢是不锈耐酸钢的简称。耐空气、蒸汽、水等弱腐蚀介质或具有不锈性的钢种称为不锈钢(图 8.8-6);而将耐化学腐蚀介质(酸、碱、盐等化学介质)腐蚀的钢种称为耐酸钢。

图 8.8-5　水泥窗套

图 8.8-6　不锈钢窗套

9. 免漆板窗套

比较普遍的免漆底衬板材料就是在比较薄的密度板上压上一层色纸,色纸的厚度比较薄,但是因为色纸的材料和花纹有很多,所以最后出来的款式和风格也是各不相同。油漆底衬板是指在密度板上粘上一层三合板,三合板的种类和花色繁多,也让油漆板看起来各不相同。

二、门窗套安装流程

1. 找位与放线

门窗套、木护墙安装前,应根据设计图要求,先找好标高、平面位置、竖向尺寸,再放线。

2. 核查预留洞口及预埋件

放线后,检查预埋件、木砖排列间距、尺寸位置是否满足钉装龙骨的要求,量测门窗及其他洞口位置,核查门窗和洞口尺寸是否方正垂直,且与设计要求是否相符。

3. 铺、涂防潮层

设计中有防潮要求的门窗套、木护墙,在钉装龙骨时应压铺防潮卷材或在钉装龙骨前进行涂刷防潮涂料。

4. 龙骨制配与安装

1)龙骨木护墙:对于局部木护墙龙骨,可根据房间大小和高度,预制龙骨架,整体或分块安装;对于全高木护墙龙骨,首先量好房间尺寸，根据房间四周和上下龙骨的位置，将四框龙骨找位，钉装平、直，然后按龙骨间距要求，钉装横竖龙骨。当设计无要求时，一般横龙骨间距为400mm，竖龙骨间距为500mm。如面板厚度在15mm以上时，横龙骨间距可放大到450mm。木龙骨安装必须找方、找直，骨架与木砖间的空隙应垫以木垫，每块木垫至少用两颗钉子钉牢，在装钉龙骨时应预留出板面厚度。

2）木门窗套龙骨：根据洞口实际尺寸，按设计规定的骨料断面规格，可将一侧门窗套骨架分三片预制，洞顶一片、两侧各一片。每片一般为两根立杆，当门窗套宽度大于500mm时，中间应适当增加立杆。横向龙骨间距不大于400mm；面板宽度为500mm时，横向龙骨间距不大于300mm。龙骨应与固定件钉装牢固，表面应刨平，安装后应平、正、直。

5. 钉装衬板

衬板应用木芯板或九厘板，并钉在木龙骨上。衬板钉装应先内后外，要求表面平整、接缝平直、尺寸规矩、钉装牢固。

6. 钉装面板

裁板配制时，按龙骨排尺，在板上画线裁板，原木材板面应刨净；胶合板、贴面板的板面严禁刨光，小面皆须刮直，木纹根部向下。面板长向对接配制时，应考虑接头位于横龙骨处。原木材板背面应做卸力槽，一般卸力槽间距为100mm，槽宽10mm，槽深4～6mm，以防板面扭曲变形。

三、门窗套安装施工要点

1）门窗套应垂直，饰面板黏贴平整，不得有大小头、喇叭口现象存在。
2）门窗套的割角整齐、接缝严密、表面光滑，无刨痕、毛刺。
3）窗套的下口宜用大理石，以免因受潮而变黑变形。
4）门套宜用木料制成框架后，刨平、刨直，然后装配成型后再安装到墙体上，最后覆盖基层板和饰面板。
5）门窗套制品的材质种类、规格、形状应符合设计要求。木制门窗套材料的含水率不大于12%。人造板的有害物质含量必须符合国家现行标准的有关规定，进场后应进行复检。木制门窗套应采用与门窗框相同树种的木材，不得有裂纹、扭曲、死节等缺陷。
6）按设计构造及材质性能选用安装固定材料，基底可选用圆钉，面层使用气钉、螺钉、黏结剂、膨胀螺栓等。

【练习】

1. 门窗套材料都有哪些种类？
2. 简述门窗套施工流程。

门窗套施工工艺

8.9 木地板安装施工流程及施工要点

木地板具有三个显著特点：无污染，无论怎样加工，始终不失其自然本色；热率小，冬暖夏凉；木材和竹子产品同业主有亲和力，所以受到业主的普遍喜爱。一般常用的木地板铺设材料主要有实木地板、实木复合地板两种。除此之外，还有三种不太常见，分别为强化木地板、竹木地板、软木地板。

一、五种木地板材料及其优缺点

1. 五种木地板材料（图8.9-1）

实木地板	实木复合地板	强化木地板
竹木地板	软木地板	

图 8.9-1　木地板材料

2. 主要优缺点（表 8.9-1）

表 8.9-1　木地板主要优缺点

材质	优点	缺点
实木地板	天然、舒适	湿胀干缩
实木复合地板	稳定、环保	质量好坏难分辨
强化木地板	硬度大	环保性差
竹木地板	防虫蛀、阻燃	材质脆、易损坏
软木地板	环保、防潮、舒适	价格高

二、木地板安装施工流程

不同地板的安装施工流程是不一样的，比如实木地板需要铺设木龙骨，而其他木地板的施工流程更为简便，可直接铺设防潮垫。不同地板之间之所以有差别是因为实木地板有其独特的特点：实木地板是天然木材经烘干、加工后形成的地面装饰材料，它具有木材自然生长的纹理，是热的不良导体，能起到冬暖夏凉的作用。并且实木地板具有脚感舒适、使用安全的特点，但却具有湿胀干缩的缺陷，因此在南方甚少使用。实木地板使用前要铺设木龙骨，是卧室、客厅、书房等地面装修的理想材料。

实木地板安装施工流程共有六个步骤：基层清理、放线定位、铺设龙骨、铺设防潮层、铺设木地板、安装踢脚板。

1. 基层清理

基层表面应平整、干燥。使用靠尺和塞尺检测平整度，允许误差应在 5mm 范围内。

2. 放线定位

根据地板铺设方向和长度，放出木龙骨定位线，确保每块地板至少放置在 3 根龙骨上。木龙骨间距不大于 350mm，实木地板与墙、柱、门框、管道孔等固定物之间要预留 8～10mm 缝隙。

3. 铺设龙骨

使用电锤在地面上打孔，植入塑料膨胀螺栓，安装木龙骨。先在木龙骨对应位置打孔，使用自攻螺钉将其安装于地面上，铺设后的木龙骨须进行全面的平整度和牢固性检查。

4. 铺设防潮层

防潮薄膜铺设方向与实木地板走向平行，薄膜搭接宽度一般为 150～200mm，并用胶带黏结牢固。墙角处薄膜翻起不应小于 50mm。

5. 铺设木地板

第一排木地板应保证凸角向外，使用自攻螺钉以 45°斜向钉入，靠墙两侧应提前预留出 8～10mm 缝隙。为保证地板平直、均匀，每铺设 3～5 块应检查地板是否平直，以便于及时调整。铺设第一排最后一块地板时，量取距离，做好标记，使用无尘锯切割，剩余部分作为第二排木地板的第一块使用，木地板长度应不小于 400mm。最后一排木地板安装时，要先叠放一块木地板，再放置另一块。凸榫靠墙的木地板在最上边，画线切割，并用回力钩安装牢固。地板铺设完毕后应替换木楔为弹簧卡，在门口地板与过门石相接处应安装过桥扣条。

6. 安装踢脚板

标示出踢脚板及卡槽位置，使用墨斗放出水平线。在墙上固定踢脚板卡条的位置，每隔 300mm 钻孔，安装塑料膨胀螺栓，使用自攻螺钉固定卡条，并在顶面进行打胶处理。将踢脚板卡入卡条中，安装完成。

【练习】

1. 简述居住空间中木地板的安装顺序。
2. 居住空间中地板分为哪几类？

复合木地板施工流程及施工要点

实木地板施工流程及施工要点

单元九 项目现场施工——油工施工

单元概述

本单元详细介绍了居住空间中天花板和墙面扇灰及乳胶漆、墙面软硬包、壁纸铺贴的施工流程，通过项目案例讲解油工施工流程中应注意的施工要点，且配有案例图示说明，旨在解决各种油工施工问题。

学习目标

学生通过对居住空间中常见空间的油工施工要求及注意细节的深入学习，了解项目中扇灰及油漆施工、墙面软硬包、壁纸施工流程，掌握施工工艺理论知识，将知识运用到设计中去。

9.1 天花板扇灰及乳胶漆施工流程及施工要点

一、乳胶漆的种类

乳胶漆又称为合成树脂乳液涂料，是有机涂料的一种，是以合成树脂乳液为基料加入颜料、填料及各种助剂配制而成的一种水性涂料。根据生产原料的不同，乳胶漆主要有聚醋酸乙烯乳胶漆、乙丙乳胶漆、纯丙烯酸乳胶漆、苯丙乳胶漆等品种；根据产品适用环境的不同，分为内墙乳胶漆和外墙乳胶漆两种；根据装饰的光泽效果不同，又可分为无光、哑光、半光、丝光和有光等类型。

二、天花板扇灰及乳胶漆施工流程

扇灰和乳胶漆施工可以分为两大部分，一部分是顶面天花板扇灰及乳胶漆施工，一部分是原建筑墙面扇灰及乳胶漆施工，其中的区别就在于若顶面是采用石膏板作天花板，则需要进行一些必要的处理。

顶面天花板扇灰及乳胶漆施工主要分为钉帽防锈处理—石膏板嵌缝—防开裂处理—顶面批刮腻子—砂纸打磨—涂刷底漆—涂刷面漆七个步骤。

1. 钉帽防锈处理

顶面石膏板在进行安装固定的时候，使用了大量的自攻螺钉，安装后这些金属钉帽必须做防锈处理。在防锈处理环节，使用防锈漆对每一个钉帽进行涂刷（图 9.1-1），以免钉帽生锈影响粉刷质量（没有做天花板的顶棚无此工艺）。这个环节最重要的部分就是不能漏涂任何一个钉帽。

2. 石膏板嵌缝

顶面吊顶面层使用石膏板和螺钉固定完成，石膏面板间的缝隙和螺钉口凹陷会影响顶面的美观，因此要使用嵌缝石膏进行嵌缝。嵌缝时嵌缝石膏应调和得稍硬些，当一次嵌补不平时可以分几次嵌补。但必须等到嵌补的前一道干后，才能嵌补后一道。嵌补时要嵌得饱满，刮压平实，但不能高出基层顶面（图 9.1-2）。

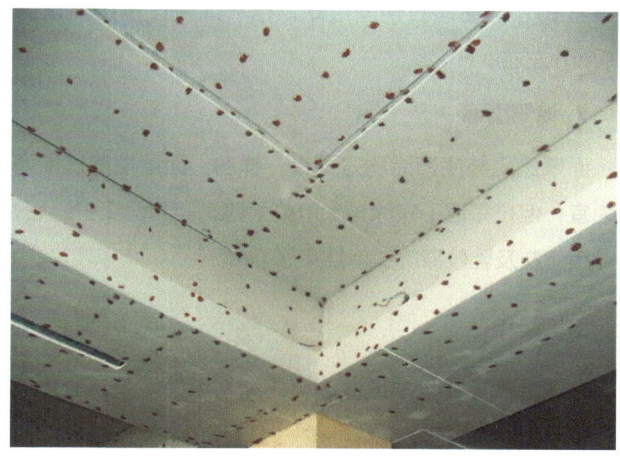

图 9.1-1　钉帽防锈处理

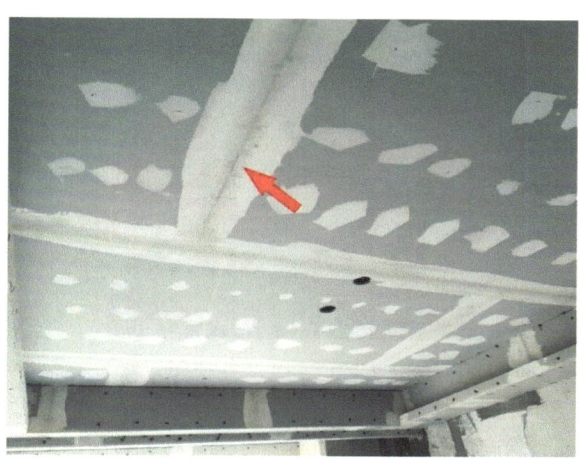

图 9.1-2　石膏板嵌缝

3. 防开裂处理

为了防止石膏板接缝等处开裂，影响顶面的美观，顶面要进行防开裂处理（图 9.1-3）。施工时，常常会在接缝处粘贴一层 50mm 宽的网格绷带或牛皮纸袋，必要时也可以粘贴 2 层。具体粘贴方法是先在接缝处用毛刷涂刷白乳胶液，然后粘贴用水浸湿过的牛皮纸或网格绷带，粘贴后用胚板压平、刮实。

4. 顶面批刮腻子

顶面腻子的批刮，一般采用左右横批的方式，批刮 2 ~ 3 遍即可，不宜太多。在遇到已经填好的缝隙和孔眼时，批刮顶面腻子要批刮得平整（图 9.1-4）。

图 9.1-3　防开裂处理

图 9.1-4　顶面批刮腻子

5. 砂纸打磨

打磨是非常重要的工序，刮了几遍腻子就必须打磨几次，打磨质量关系到未来的美观与平整。腻子干透后，将砂纸固定在打磨架上，对顶面进行打磨。为了看清楚打磨的平整度，还必须使用光照灯照射着打磨。打磨完成后，对局部不平整或透底的顶面进行找补（图9.1-5）。

6. 涂刷底漆

乳胶漆涂刷遵循一底两面的原则，即刷一遍底漆，刷两遍面漆。涂刷底漆的作用在于提高墙面的黏结力和覆盖率，使墙面耐碱、防潮。涂刷顶面一般使用手柄滚筒，涂刷方式为自左向右横向滚动，相邻涂刷面搭接宽度为100mm左右。

7. 涂刷面漆

面漆涂刷与底漆涂刷方式是一样的，面层墙漆适涂两遍为宜，但是每遍不宜涂得太厚或太薄。等到面漆干燥后，天花板扇灰及乳胶漆施工就结束了。

图9.1-5 顶面打磨腻子

三、施工要点

用滚筒蘸取底漆、面漆时，只需将滚筒浸入三分之一处，然后在拖板上滚动几下，使滚筒被乳胶漆均匀浸透。如果底漆、面漆浸透不够，可再蘸一次。这样可以保证在滚漆时厚薄一致，阻止浆料滴落。

【练习】

1. 简述天花板扇灰及乳胶漆施工流程。
2. 顶面腻子的批刮需要批刮几遍？

天花板扇灰及乳胶漆施工流程及施工要点

9.2 墙面扇灰及乳胶漆施工流程及施工要点

一、墙面扇灰概念

墙面扇灰是对墙面进行一次找平处理，然后在砂浆层上再抹2～3层用双飞粉和胶水调和的白色腻子，所以扇灰就是常说的刮腻子。

二、墙面扇灰及乳胶漆施工流程

墙面扇灰及乳胶漆施工流程主要有八个步骤：墙面防开裂处理—涂刷界面剂—阴阳角找方正—画定位线及粘石膏线—批刮腻子—砂纸打磨—涂刷底漆—涂刷面漆。

1. 墙面防开裂处理

墙面如果采用了石膏板或其他板材做背景墙，板与板的拼接处以及墙面开槽接缝处，必须粘贴一层50mm宽的网格绷带或牛皮纸袋，必要时也可以粘贴两层。其粘贴的操作方法是先在接缝处用毛刷涂刷白乳胶，然后将纸袋用水浸泡，粘贴后，用胚板刮平、压实。

此外，如遇到内墙墙体基层裂缝多的情况，需要做全面的防裂处理，具体方法是先在墙面滚刷白乳胶液，白乳胶液要刷得均匀，更不能漏刷，然后将聚酯布板贴在墙上，用刮板刮出多余的胶液，使布板粘贴得平整、牢固。布板与布板之间的搭接头要裁下，以免影响平整度（图 9.2-1）。

2. 涂刷界面剂

在批刮腻子前，为了提高墙面的附着力，需要涂刷界面剂（图 9.2-2）。涂刷时，一定要满刷，不能漏刷。

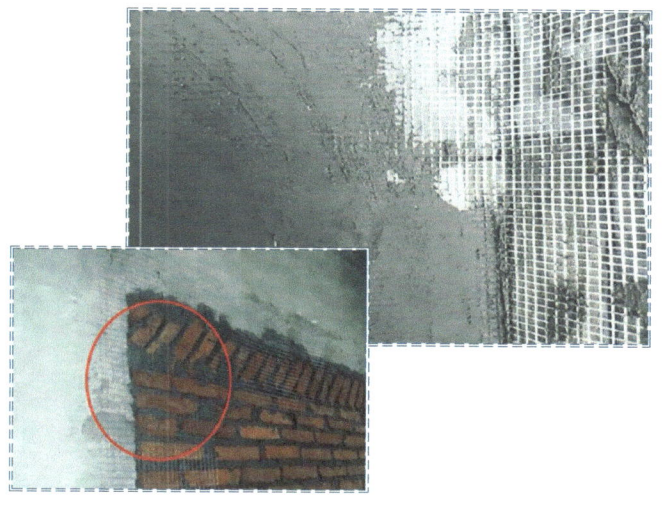

图 9.2-1　墙面防开裂处理

图 9.2-2　涂刷界面剂

3. 阴阳角找方正

阴阳角概念：墙面凹进去的墙角就是阴角，墙面凸起来的就是阳角。

一般情况下，房间的阴阳角部分有一定的误差。为保证平直度，需要对阴阳角进行找方正（图 9.2-3）。

1）阴角找方正需要用放线的方法检查平直度，具体方法是在两个相邻墙角拉线，并将墨线放在墙面上，然后以放好的墨线为基准，用粉刷石膏沿线进行修补，直至阴角方正垂直。

2）阳角找方正需用靠尺一边与阳角对齐，再用线坠将靠尺调整垂直，这样就可以检查出阳角垂直线，然后依托已经垂直的靠尺进行阳角修补，直至阳角垂直方正。

4. 放定位线及粘石膏线

在安装石膏线前，要在相应的安装位置放出定位线。一般石膏线的端头都不太规整，要适当地裁掉一些，使端头平整。施工时，石膏线在拐角处要碰角，需要做 45°角切割。粘贴石膏线需要使用快粘粉，它的粘结速度比较快，一般一次使用多少，就加水调和多少。然后将快粘粉沿石膏线边缘涂抹，动作要快。涂抹完成后，即可沿定位线进行粘贴。注意定位后一定要按压 2～3 分钟，待其粘贴牢固。等到基本固定后，把粘贴按牢时挤出的多余快粘粉处理干净。如与石膏线连接时要留有 3～5mm 的缝隙，并用快粘粉嵌缝粘结（图 9.2-4）。

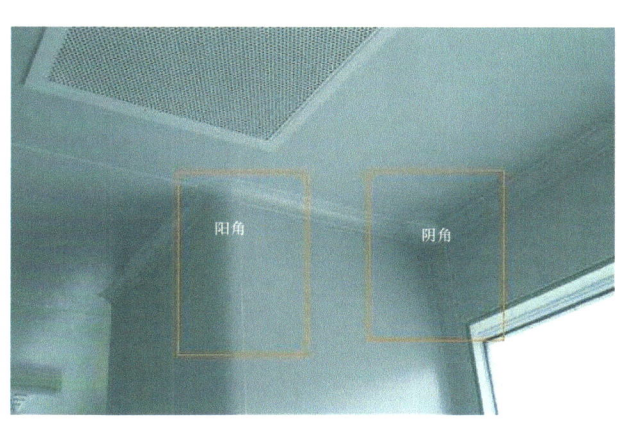

图 9.2-3　阴阳角

图 9.2-4　画定位线及粘石膏线

5. 批刮腻子

阴阳角修补完毕、干透，石膏线固定好后，可以对墙面进行批刮腻子施工（图9.2-5）。腻子是一般满批2~3遍，不宜多批或批得过厚。在墙面涂刷中，腻子批刮质量决定墙面是否平滑、顺洁。

6. 砂纸打磨

等腻子干透后，将砂纸固定在打磨架上，可选用120目磨砂纸和铁砂布进行打磨，把高处和较为粗糙的地方打磨平整。一般批刮几遍腻子就需要打磨几次，尤其是到打磨最后一遍时，必须认真、细致，最好用120目的磨砂纸和砂布打磨（图9.2-6）。

图9.2-5 批刮腻子

图9.2-6 砂纸打磨

图9.2-7 涂刷底漆图

7. 涂刷底漆

涂刷底漆主要是为了提高墙面的黏结力和覆盖率，使墙面耐碱、防潮。施工方法和天花板底漆涂刷相同（图9.2-7）。

8. 涂刷面漆

面漆是墙面工程的最终涂层。面漆前后需要滚刷2遍，每遍间隔2~4h以上，具体看漆面干透情况。面漆涂刷手法尤为重要，涂刷要柔顺均匀、用力均衡，每次滚轴收漆的方向要一致，才能保障墙面纹理一致。

【练习】

1. 阴角如何找方正？
2. 涂刷底漆主要是为了什么？

墙面扇灰及乳胶漆
施工流程及施工
要点

9.3 墙面软硬包施工流程及施工要点

一、墙面软硬包种类

1. 墙面软包

墙面软包是指一种将室内墙表面用柔性材料加以包装的墙面装饰方法。墙面软包所使用的材料质地柔软、色彩柔和，能够柔化整体空间氛围，其纵深的立体感亦能提升家居档次（图9.3-1）。除了美化空间的作用外，更重要的是墙面软包具有阻燃、吸声、隔声、防潮、防霉、抗菌、防水、防油、防尘、防污、防静电、防撞的功能。

2. 墙面硬包

墙面硬包是直接把基层的木工板或高密度纤维板做成所需的造型，然后把板材的边做成45°的斜边，再用布艺或皮革饰面的墙面装饰方法（图9.3-2）。

图 9.3-1　墙面软包

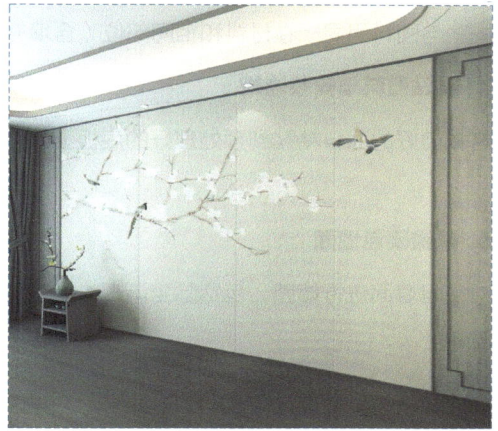

图 9.3-2　墙面硬包

二、墙面软包施工流程

1. 基层或底板处理

在结构墙上预埋木砖，并抹水泥砂浆找平层。如果是直接铺贴，需将底板拼缝用油腻子嵌平密实，满刮腻子1~2遍，待腻子干燥后，用砂纸磨平，并在黏贴前在基层表面满刷清油一道。

2. 吊直、套方、找规矩、放线

根据设计图纸要求，通过吊直、套方、找规矩、放线等工序，将实际设计的尺寸与造型落实到墙面上。

3. 安装木龙骨与夹板

在墙面抹灰找平并做过防潮处理之后，安装木龙骨。木龙骨安装好后，铺钉夹板作基面板。

4. 裁剪与粘贴面料

根据施工图纸，裁剪出所需的海绵塑料块或填充料，并用建筑胶黏剂将其粘贴于框格内。使用胶水或适当的黏结剂，将软包面料固定在基面板上，确保面料平整、无皱褶。

5. 安装贴脸或装饰边线

根据设计要求，选择和加工贴脸或装饰边线，并进行安装。刷好镶边油漆，以达到设计要求的装饰效果。

6. 修整与验收

切割多余的软包面料，修整边缘至整齐。清理施工过程中的杂物和残留物。全面检查软包墙面的安装质量，包括平整

度、牢固度等，并进行验收。

三、墙面硬包施工流程

1. 基层或底板处理

首先，对墙面进行基层处理，确保墙面平整、干燥、无空鼓。根据需求，在结构墙上预埋木砖，抹水泥砂浆找平层，并满刷清油一道进行防潮处理。

2. 吊直、套方、找规矩、放线

按照设计图纸要求，通过吊直、套方、找规矩、放线等工序，将墙面装饰的尺寸、造型等落实到墙面上，确保施工准确性。

3. 计算用料、套裁面料

根据设计图纸，确定硬包墙面的具体做法，并计算所需材料。采用预制铺贴镶嵌法，对面料进行套裁，确保同一房间、同一图案与面料用同一卷材料和相同部位（含填充料）套裁面料。

4. 粘贴面料与安装边线

将裁剪好的面料粘贴到预处理好的底板上，注意保持平整、无皱褶。面料贴好后，按照设计要求安装边线，并刷好镶边油漆。

5. 修整硬包墙面

对硬包墙面进行修整，包括除尘清理、处理胶痕等，确保墙面整洁、美观。同时，检查墙面是否平整，图案是否清晰且无色差。

四、墙面软硬包施工要点

1. 材料选择

根据不同要求和场景进行材料的选择，保证材料的质量和使用效果。

2. 墙面处理

在施工前需要对墙面进行处理，保证墙面的平整和清洁。

3. 固定结构

在施工过程中要注意固定结构的选择和处理，保证墙面牢固可靠。

4. 细节处理

在施工完成后，要对细节进行处理，保证墙面整体美观。

5. 安全问题

在施工过程中需要注意安全问题，例如高空作业和设备使用等相关问题。

【练习】

1. 居住空间中墙面软硬包有哪些种类？
2. 简述居住空间墙面硬包施工流程。

墙面软硬包施工流程及
施工要点

9.4 壁纸铺贴施工流程及施工要点

一、壁纸的种类

市场上常见的壁纸主要分为纯纸壁纸、无纺壁纸、PVC 壁纸、金属壁纸、树脂类壁纸、硅藻泥壁纸、天然材料壁纸、云母片壁纸等（图 9.4-1）。

图 9.4-1 壁纸的种类

以纸为基材的壁纸，经印花后压花而成，自然、舒适、无异味、环保性好、透气性能强。因为是纸质，所以有非常好的上色效果，适合染各种鲜艳颜色甚至工笔画。纸质不好的产品时间久了可能会略显泛黄。

以纯无纺布为基材的壁纸，表面采用水性油墨印刷后涂上特殊材料，经特殊加工而成，具有吸声、不变形等优点，并且有强大的呼吸性能。因为其非常薄，施工起来非常容易，非常适合喜欢 DIY 的年轻人。

二、壁纸铺贴的施工流程及要点

在壁纸的铺贴中，会用到塑料刮板、壁纸刀、滚刷、毛刷、毛巾、壁纸胶水等工具和材料。

1. 检测基层含水量

检查干燥后的墙体，其含水量应小于 8%。

2. 基层处理

石膏板隔墙板间接缝及不同材质墙体接缝处，需提前使用接缝纸带处理。

3. 批刮腻子

腻子一般批刮两遍，两板中间顺一板，第二遍批刮方向与第一遍垂直。使用砂纸打磨，保证墙面平整光滑。为防止壁纸受潮脱胶，增加黏结力，涂刷防潮底漆一遍，封闭底胶一遍。

4. 放线

在距墙面阴角约 15cm 处，放出裱糊时的基准线。

图 9.4-2 壁纸粘贴

5. 壁纸剪裁

测量出壁纸用量,在工作台上进行裁剪。裁纸时,壁纸两边应各增加 2~3cm。有图案的壁纸要保证拼花完整。裁剪后对壁纸进行编号并满涂壁纸胶。

6. 壁纸粘贴

沿基准线铺贴壁纸,使用刮板抹压平整。壁纸拼花时保证上下对齐。用小滚轮滚压接缝处,阴角处壁纸铺贴接缝宽度应不小于 2~3cm。先裱糊滚压在里面的转角壁纸,再粘贴非转角的正常壁纸。阳角壁纸不能拼缝,要裹过阳角 20mm 以上拼接。裁剪多余壁纸,开关面板、插座等细节部位使用壁纸刀裁切平整(图 9.4-2)。

壁纸的铺贴工艺

【练习】

1. 简述居住空间壁纸铺贴的施工流程及要点?
2. 当前市场上常见的壁纸有哪些?

9.5 乳胶漆及壁纸施工常见问题

一、乳胶漆施工常见问题答疑

1. 乳胶漆有毒吗?

乳胶漆(图 9.5-1)有机物含量低,只有游离分子单体(如各种丙烯酸酯、苯乙烯、醋酸乙烯等)有不同程度的毒性,但其含量在 0.1% 以下,且这些游离分子单体挥发很快,施工一个星期后基本完全挥发,不会对人体造成危害,所以可以说乳胶漆基本上无毒的。

2. 乳胶漆色彩能够保持多长时间不变色?

室内墙面如果刷的优质乳胶漆,其颜色至少可以保持 5 年不变。若乳胶漆色彩变色,会是均匀变色。

3. 外墙乳胶漆和内墙乳胶漆能否混用?

不能混用。外墙乳胶漆在防水性能和防紫外线照射性能上要强于内墙乳胶漆,能够保证长时间日晒雨淋而不变色(图 9.5-2)。所以内墙乳胶漆不适合用于外墙,外墙乳胶漆用于内墙是没问题的。

图 9.5-1 乳胶漆

图 9.5-2 外墙乳胶漆

4. 乳胶漆涂膜（图9.5-3）为什么会发花、颜色不均匀？

墙面发花、颜色不均匀有很多原因，包括乳胶漆有浮色、未搅拌均匀；涂刷时厚薄不均匀；基层碱性过大、粗糙不平等。按照规范进行施工、满刮腻子及刷一遍底漆可以最大程度地避免出现这种问题。另外，选购材料时要注意挑选同一厂家、同一品种和同一批号的乳胶漆，否则也易于出现色差。

5. 乳胶漆涂膜为什么会起皮？

起皮主要原因是基层未处理好、基层太光滑或有油污以及腻子层未干透即涂刷乳胶漆。如果基层太光滑可用钢刷将基层刷毛并处理干净，也可以采用界面剂涂刷一遍。如果有油污要用溶剂做去污处理，尤其需要注意必须等腻子层干透再涂刷乳胶漆。未等腻子干透涂刷乳胶漆，不仅会导致起皮，还会导致墙面乳胶漆后期出现裂缝、发霉、起毛等现象。

6. 乳胶漆为什么会开裂？

因季节原因引发的开裂称为正常开裂，多见于天花板、门框的接缝等处。一般装修后会有半年或一年的保修期，就是为了修补因季节变化而造成的质量损耗。

图 9.5-3 乳胶漆涂膜

这些因自然开裂出现的缝隙经过装修公司的修补后，平整如新，日后也不易再开裂。由于施工方法不当造成的开裂则属于不正常开裂，如做基底时使用的胶质量不好等原因，易使腻子与墙体分离。另一方面，若腻子抹得太厚，超过5cm，日后随着墙体内水分不断蒸发，乳胶漆涂刷的墙体也会发生大面积开裂。这种情况下，只有铲掉涂料和基底材料，重新涂刷，才能避免再次发生大面积开裂。

7. 乳胶漆施工是否一定要刷上一遍底漆？

底漆可封闭基层碱性物质，防止碱性物质向乳胶漆涂层渗透，以减少碱性物质对面漆的侵蚀，还能够加强面漆的附着力。所以对于一些要求较高、需要长时间使用的室内空间宜刷上一遍底漆后再刷面漆。

二、壁纸施工常见问题答疑

1. 壁纸的使用寿命是多久？

现代工艺生产的壁纸在正常条件下使用寿命为8~10年。作为一种装饰性材料，壁纸本身具有很强的时代感，因此壁纸的更新速度相当快，使用1~2年的壁纸可能就会被更换。

2. 为什么要刷涂基膜？清漆、界面剂、基膜应怎样选择？

涂刷基膜的主要作用是坚固基层、调节墙面的吸水性、增强壁纸与墙面的黏结力。

清漆：清漆刷在基层上先渗进基层，坚固基层后再在表面形成漆膜，气味大，对人体有一定的伤害，并且气味难以挥发，个别种类的清漆成膜后会有颜色。纯白色和薄基材的壁纸造成透底现象，能调节墙面的吸水性，一般不建议使用清漆。

界面剂：界面剂刷在基层上渗进基层，坚固基层，但不会形成膜，无气味，对人体无伤害，且不能调节墙面的吸水性。若基层吸水性差，粘贴的壁纸需要能吸水的基层时，可以使用界面剂。

基膜：基膜刷在基层上少许渗进基层，坚固基层，并在表面形成一层致密的保护膜，增强壁纸与墙面的黏结力，防止水分外渗，具有天然芳香味，对人体不造成任何伤害，应大力推广。

3. 应在装修的什么阶段粘贴壁纸？

壁纸的粘贴应在木工和油漆工之后，铺地板之前。

4. 壁纸施工完毕后注意哪些事项才能更好地保护壁纸？

1）刚刚铺贴壁纸以后的房间应该关闭门窗2~3天，阴干处理。因为刚铺完壁纸的房间立刻通风会导致壁纸翘边和起鼓。不要开空调等设备，以免壁纸剧烈收缩造成开缝。

2）在北方潮湿的季节，应在白天适当通风，防止潮湿气体侵袭。

3）待壁纸铺贴结束后，应该用潮湿的毛巾轻轻擦去壁纸接缝处残留的壁纸胶。

4）壁纸比较耐擦洗，但是不耐钝物的磕碰。如果发现小处的表面破损，可用近似颜色的颜料或同色的壁纸修复。

5）对于有凹凸花纹的壁纸，可隔2～3个月用吸尘器清扫一次。非凹凸壁纸，平日只需用鸡毛掸子清洁即可，数年后还可保持一个美观、清洁的效果。

【练习】

1. 乳胶漆涂膜为什么会发花，颜色不均匀？
2. 壁纸的正常条件下使用寿命是多久？

乳胶漆及壁纸施工常见问题答疑

Chapter 10 单元十 项目工程验收

单元概述

本单元以装饰施工的项目过程为载体,通过对不同类型施工项目的案例讲解家装项目中各项工程的验收,旨在解决家装项目中常见的工程施工质量问题。

学习目标

掌握装饰施工的工艺流程及施工过程质量控制要点,具备一定的施工现场人、材、机的组织管理能力和分析能力,并具有从事装饰施工管理工作所必需的职业素质。

10.1 隐蔽工程验收

项目工程完工后,需对项目进行检验,合格后才可进入下一道工序,而且在全部工程完工后必须进行一次全面验收,由设计师、监理(质检员)和业主共同验收。

装修隐蔽工程指的是隐蔽在装饰表面内部的管线工程和结构工程,管线工程包括电路、给水排水、暖气、燃气、空调系统等,结构工程是用于固定、支持房屋荷载的内部构造,此工程在装修中被隐蔽起来,所以验收至关重要。隐蔽工程验收项目要包括水路、电路、防水、地板、墙面、门窗、吊顶龙骨等,验收合格签字后,方可继续施工。

水电等隐蔽工程验收有以下主要环节:

一、对照设计图

对照设计图,检查管线各个点位是否正确无误。检查所有的管线材料、品牌规格是否与合同一致,尤其厨房、卫生间、空调等大功率电器线材的平方数是否达标,避免隐患。

二、看墙面

商品房原始墙面腻子或乳胶漆都需铲除,业主到现场后需检查墙面是否铲除干净,有无残留的原墙腻子或乳胶漆。

三、看配电箱

由工长或者监理使用万用表检查水电改造后的电路是否正常（图10.1-1）。家装中，网络布局是装修中不可缺少的一环，需用网线测线仪检测网线是否顺畅。

操作步骤：

1）首先将网线检测仪的电源打开，检查是否有电。

2）网线检测仪在测量时，观察测试灯的显示状况。

3）观察主机和副机两排显示灯上的数字是否同时对称显示，若对称显示，即代表该网线良好；若不对称显示或个别灯不亮，就代表网线断开或制作网线头时线芯排列错误（图10.1-2）。

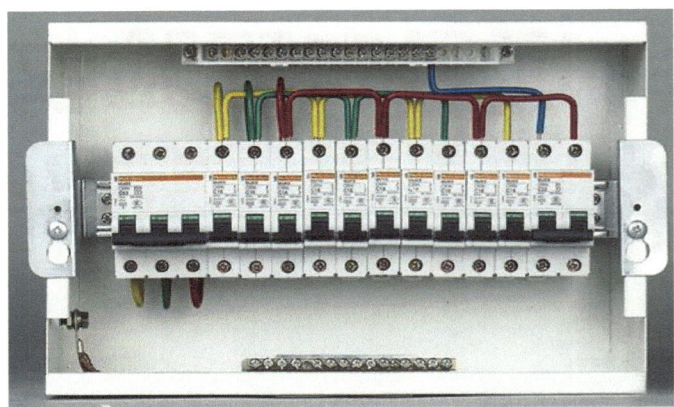

图10.1-1 配电箱

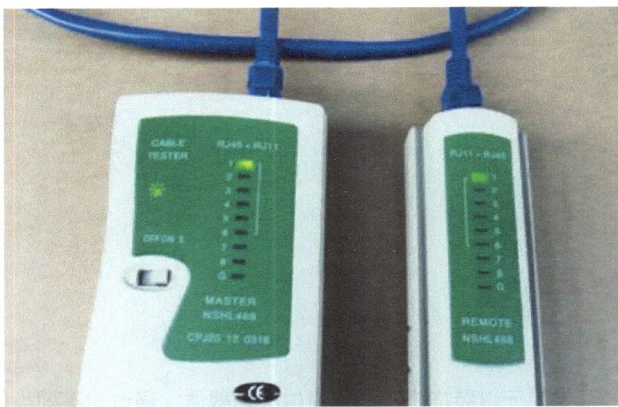

图10.1-2 网线检测仪检测网线

四、看水电安装

1. 检查电路安装

1）检查线管容量。一根线管里面不能有超过三根的电线，电线需散热，太多挤在一起会出安全事故。如发现装修公司已把线盒封死，一定要打开查看。

2）检查管卡、锁母。锁母作为连接线管和线盒的小工具，作用是保护电线。穿线孔为工具切割，边缘锋利，如直接将电线从孔中拉出来，可能划伤电线绝缘皮，造成漏电。管卡固定在线管的上面，未使用专用管卡安装的管子难以有效固定，会留下工程隐患。

3）检查接头。按照规定接头处必须烫锡，并用绝缘胶布缠好，业主验收时要让工人当场拆开胶布，检查是否烫锡。

4）检查线盒。线盒的验收标准比较简单，横平竖直就行。线盒是露在外面的，横平竖直主要是为了美观。

5）检查线管拐弯的地方。线管是绝对不可以直角拐弯的，直角拐弯会造成日后换线抽线困难，并且对电线的散热会有影响，要求线管转弯的角度不能小于90°（图10.1-3）。

6）检查强、弱电线管之间的距离。强、弱电线管之间的水平间距不小于500mm，以免影响网络、电视、电话的信号。

2. 检查水路安装

1）水管材料的品牌型号、规格等参数要清晰可见，并且与合同报价单相符。

2）上、下水口的位置和数量与装修图纸一致。

3）检查水管走向是否合理。在水路改造工程中，管道铺设应横平竖直，冷、热水管安装应左热右冷，平行间距应不小于150mm。冷、热水管的间距太小，不符合国家施

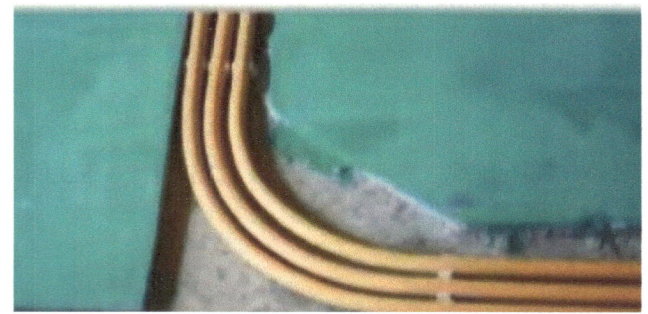

图10.1-3 线管拐弯

工规范的要求时，会造成冷水和热水相互影响，能耗损失大（图 10.1-4）。

4）管道加压测试。检查所有连接处是否发生渗漏，管道需通过加压测试检验。管道安装完成 24h 后进行管道加压测试（图 10.1-5）。测试前管道应进行安全有效地固定，接头部位必须明露。对管道缓慢注水以便排出管内气体，待管道内充满水后，进行水密性检测。确认无渗漏后，用手动试压泵缓慢升压，测试压力为管道系统压力的 1.5 倍，且不小于 0.6MPa，住宅一般不超过 1MPa。此测试通过对水管进行施压来检查水管的连接处是否漏水。验收时间最好为 1h。在完成管道安装和测试后，将管道槽填平并做好墙面和地面基层处理。

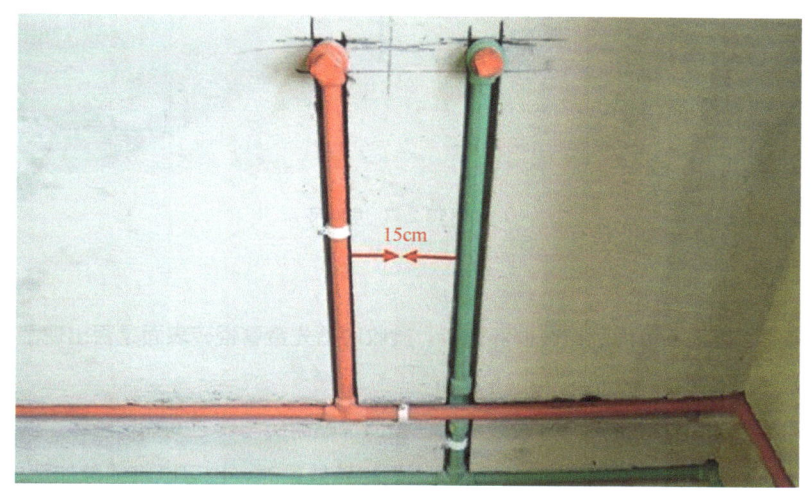

图 10.1-4　冷热水管

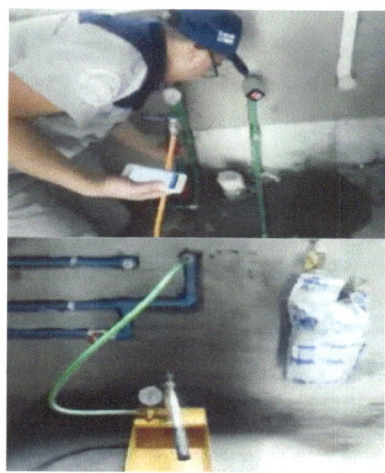

图 10.1-5　管道加压测试

5）检查热水管是否做了保温处理。热水管做保温处理，既能防止冷凝水也降低水流噪声。

6）水管如果走地，要求上电下水，这样可以防止水管出现泄漏或冷凝水长时间滴在电线管上，使电线受潮出现短路跳闸的情况。

7）检查地漏下水是否堵塞。管道灌水应当是顺畅且无渗漏的。

8）管线走天花板时，电线管应在水管的上面，热水管应在冷水管上方，电线管和水管分别用专用管卡固定，间距应符合规范要求，管与管交叉处使用过桥弯管连接，冷、热水管的平行间距应不小于 150mm。

9）墙体横向开槽时，承重墙开槽宽度不得超过 30cm，非承重墙开槽宽度不允许超过 50cm，否则容易引起墙体受力结构发生改变，造成安全隐患。

10）闭水试验。为确保卫生间不漏水，做完防水层后，做 24h 闭水试验（图 10.1-6），这是防水施工中重要的环节。验收人员在准备验收的房间门口做起 150mm 高的挡水，在房间里蓄水。水面最低处不能低于 20mm，做好水的高度标记。48h 后观察水面高度是否发生了明显变化，同时必须到楼下检查相同位置房间的天花板是否出现渗水现象。如果没有出现上述现象，即可认为防水工程施工验收合格；反之如有渗漏现象，即可认为防水工程施工不合格。如验收不合格，防水工程必须整体重做后，重新进行验收。

图 10.1-6　闭水试验

【练习】

1. 简述使用网线测线仪的操作步骤。
2. 一根线管里面不能有超过几根的电线？

隐蔽工程验收

10.2 瓷砖、木地板铺贴工程验收

一、瓷砖铺贴工程的验收

1. 瓷砖铺贴工程验收所需要的工具

瓷砖铺贴工程验收所需的工具有响鼓槌（图10.2-1）、检测尺（图10.2-2）、角度尺（图10.2-3）。

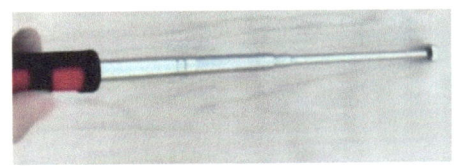 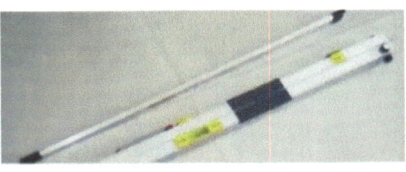 

图10.2-1　响鼓槌　　　　　　　　　图10.2-2　检测尺　　　　　　　　　图10.2-3　角度尺

2. 瓷砖铺贴工程验收检测内容

1）检查是否有刮痕缺口。瓷砖铺贴过程中，容易因施工不慎而刮花或损坏瓷砖。验收时首先查看瓷砖表面是否出现刮痕或难除去的污渍，砖面是否有破碎崩角的现象等。

2）检查缝隙是否均匀。为应对瓷砖热胀冷缩问题，确保瓷砖铺贴的平直效果，在瓷砖铺贴时砖与砖之间需要留缝。验收时需要检查瓷砖缝隙是否均匀、漂亮，一般砖缝宽为1mm，不能超过2mm。要达到特殊效果时，也可以将缝隙加宽，如5mm等。此外，还要检查瓷砖边的收口是否严实。

3）检查瓷砖铺贴的质量。检查瓷砖铺贴是否有空鼓，通常使用响鼓槌沿着砖的四边和四角轻轻敲击，如有空鼓会发出不实声音。在使用响鼓槌进行敲击检查时，要保证每一块瓷砖都敲到，不能漏敲；同时注意不要敲击脚踩到的瓷砖，因为可能脚踩的瓷砖有空鼓，却被临时踩实导致测不出。对于墙面上所铺瓷砖来说，瓷砖空鼓的标准率不能超出5%。地砖空鼓现象控制在3%以内，主要通道上的空鼓必须返工。3%是单块边角空鼓的最大值，整块不得空鼓。

4）检查平整度。检查瓷砖平整度时，需要用到检测尺。瓷砖平整度误差不得超过2mm，相邻瓷砖高差不得超过0.5mm。

5）检查阴阳角方正度。瓷砖铺贴的墙面，存在阴阳角的，需要用阴阳角尺来检测所有阴阳角的方正度，按照国家要求阴阳角的偏差不能超过3mm。检测时，将方尺打开，用两手持方尺紧贴被检阳角两个面，看其刻度指针所处状态，当处于"0"时，说明方正度为90°，即读数为"0"；当刻度指针向"0"的左边偏离时，说明角度大于90°；当刻度指针向"0"的右边偏离时，说明角度小于90°。

6）检查坡度。坡度检查主要涉及的是地砖的铺贴，卫生间、阳台及有地漏的厨房地砖应有足够的自排水倾斜度，坡度应达到不返水、不积水的要求。

二、木地板铺贴工程的验收

木地板是装修应用广泛的装饰材料，木地板铺贴质量会影响到整个家居装修效果。因此，木地板铺贴工程的验收格外重要。

1. 木地板铺贴工程验收要点

木地板铺贴应平整、牢固、无声响、无松动；颜色、木纹协调一致，洁净无污，无胶痕；地板拼缝要平直，缝隙宽度不大于0.5mm，无溢胶现象；踢脚板与地板连接紧密，踢脚板上沿平直，与墙面紧贴、无缝隙，出墙厚度一致；逆光目测没有划痕起鼓。

2. 木地板铺贴工程验收方法

1）看木地板的颜色是否一致。如果色差太大，直接影响美观，可以要求调换；如颜色过于一致，几乎没有色差，看木

地板表面的花纹是否一样,如果花纹也相差无几的话,有可能是工艺木地板。

2)看地板是否有声响。验收时在木地板上来回走动,特别是靠墙部位和门洞部位要多注意。发现有声响的部位,要重复走动,确定声响的具体位置,做好标记。有声响的部位是施工人员在施工过程中操作不规范或使用材料不合格造成的。操作不规范主要体现在地龙骨固定不牢固;材料不合格主要体现在地龙骨未经烘干。

3)验收地板是否变形、翘曲。验收的方法是用2m长的靠尺靠在地板上,平整度不应大于3mm。多抽几处测量,合格率在80%以上就视为合格,反之就是不合格的。若地板局部起拱,如果是实木地板,原因是铺得太紧或者是地板过于干燥;如果是复合木地板,就是木地板质量差。地板起拱是严重的质量问题。

4)验收踢脚板。踢脚板与门框间隙≤2mm;踢脚板拼缝间距≤1mm;踢脚板与木地板表面的间隙应该在3~5mm范围内;踢脚板扣口的高度差应≤1mm。

5)验收门扣条。门扣条应装在门的正下方,关闭门后里外都不留边为宜。扣条和门的底部间隙在3~7mm之间,门能开闭自如。扣条的安装要牢固、稳定,检查扣条两边是否翘起或松动,有无异响。

6)验收地板的表面是否有蛀眼、缝隙、划痕。若地龙骨未经处理,可能会有蛀虫,地板会被蛀坏。规范规定木地板缝隙不应大于0.5mm;划痕主要是装修粗糙造成,如用打蜡方法仍不能修复,就必须调换。

【练习】

1. 瓷砖的铺贴工程验收所需要的工具是哪几样?
2. 简述踢脚板的验收方法。

瓷砖、木地板铺贴验收

10.3 木工工程验收

木工对于家装来说是一项大的工程,特别是客厅、卧室、厨房和卫生间的木工工程量都非常大。吊顶工程、背景墙、隔断、所有家具的制作,门及门锁、把手的安装等施工都是木工工程的范畴。

一、木工吊顶龙骨验收标准

1)主龙骨间距要求在900~1200mm的范围内(图10.3-1)。

2)副龙骨间距是要在400~600mm的范围内。

3)连接件使用应完整,龙骨应顺直和牢固。

4)主龙骨吊筋距主龙骨端部不大于300mm。

5)吊顶工程的木吊杆、木龙骨和木饰面板必须进行防火处理,并应符合有关设计防火规范的规定。

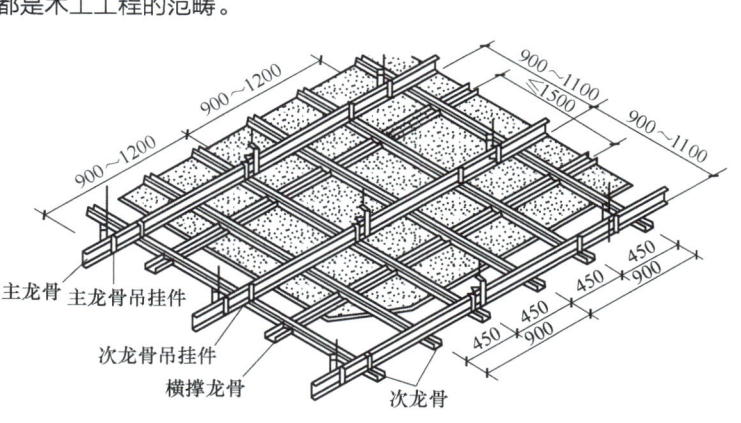

图10.3-1 木工吊顶龙骨间距

6)吊顶工程中的预埋件、钢筋吊杆应进行防锈处理。

7)龙骨架平整度用2m靠尺检查,2m内不超过3mm误差,5m内不超过5mm误差;检查龙骨架整体牢固度是否达标。

8)转角处采用"7"字形转角,两边延伸200mm以上,所有转角处必须包角加固(图10.3-2)。

9)石膏板接缝采用"V"形缝,留2~4mm缝隙(图10.3-3),用填缝粉填平缝隙,然后贴牛皮纸,这样可以避免后期出现开裂。

10)多层纸面石膏板安装要错缝安装,封板必须采取错缝方式,不允许小板拼接(图10.3-3)。

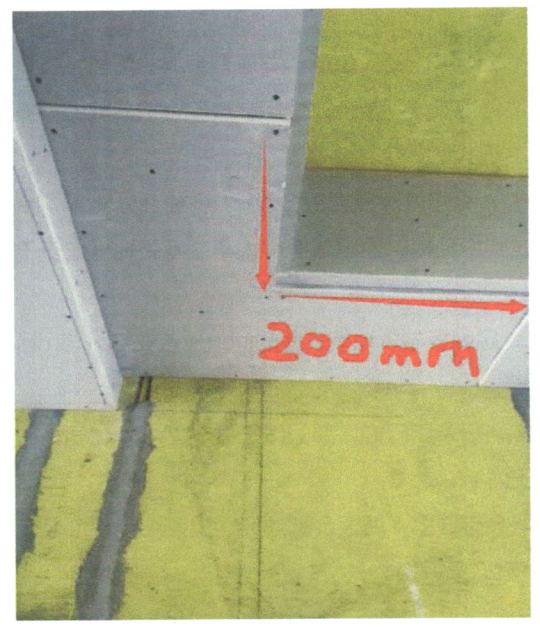

图 10.3-2 "7"字形转角

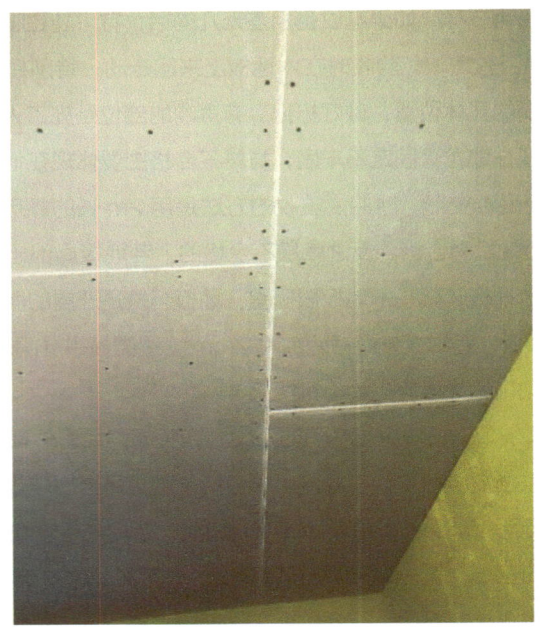

图 10.3-3 石膏板安装图

二、木工工程验收要点

1）检查构造是否直、平。无论水平方向还是垂直方向，正确的木工做法应该平直。

2）检查制作木质框架时，框架交接处转角是否准确。正确的转角都是 90°。特殊造型设计除外（图 10.3-4）。

3）检查实木天花板拼接是否严密准确。正确的木质天花板要做到相互间无缝隙（图 10.3-5）。

图 10.3-4 木质框架

图 10.3-5 实木天花板拼接图

4）检查强度与网度造型是否顺畅、圆滑。如果有多个圆度或者强度的，还要确保造型一致，拼接要做到相互间造型顺畅、圆滑。

5）检查柜体柜门开关是否正常。柜门开启时，应操作轻便，没有声响。

6）固定的柜体与墙面、顶棚等交界处要严密，交界线应顺直、清晰、美观。

7）检查木工项目是否存在破缺现象。应保证木工项目表面平整、洁净、不露钉帽，无锤印、无缺损。

8）木工分割线应均匀一致，线角直顺，无弯曲变形、裂缝及损坏现象。柜门与边框缝隙均匀一致。

9）检查装饰面板钉眼是否补好，不能漏补。

10）检查天花板角线接驳处是否顺畅、有没有明显对称和变形。天花板角线表面应端正、洁净、美观，接缝应严密、吻合无歪斜、拼缝无错位。

11）检查踢脚板安装是否平直，是否出墙一致。

12）检查铝扣板与PVC扣板等天花板表面是否平整，接缝是否严密，是否无错位、变形现象。天花板表面必须宽窄一致、阴阳角分正、没有变形现象。

13）检查把手、锁具安装位置是否正确，是否开启正常。

14）检查卧室门开启关闭是否正常。特别是关闭时，上下左右门缝必须基本上一致、缝隙适度。

15）卫生间门套必须做防水处理，以防潮湿环境中门套受潮。

16）检查实木门套线的拼接。凹凸线槽对应要整齐，拼接顺畅。

【练习】

1. 简述木工吊顶龙骨验收标准。
2. 木工工程验收要点有哪些？

木工工程验收

10.4 乳胶漆工程验收

一、墙面乳胶漆工程验收

1. 墙面乳胶漆外观验收标准

墙面乳胶漆外观影响到家居整体的外观，验收的时候要慎之又慎，确保其外观没有问题。墙面乳胶漆外观的验收主要涉及颜色、开裂、掉粉、透底、漏刷等情况。

具体验收细节标准如下：

1）无明显色差、泛碱、返色、刷纹。
2）无掉粉、起波、漏刷等现象。
3）无显著砂眼、流坠、起疙瘩、溅沫。
4）门窗及灯具、家具等洁净，无涂料痕迹。

2. 墙面乳胶漆外观验收方法

在墙面乳胶漆涂料干燥后，在自然光线下采用目测和用手触摸的方法验收。站在距墙150cm处观察，检查有无砂眼、咬色、流坠、色差、透底等现象；用电线接上灯泡，灯泡与墙面相距10cm，沿墙面照光检查，也可使用手电筒对墙面照射检查（图10.4-1）。

检查墙面乳胶漆时，手摸墙面后若掉下许多粉粒，不一定就是涂料出现问题而导致的。如墙面特别光滑，有可能是涂料中加入过多的水而造成的，这样会降低涂料的附着性，降低了涂料对墙面的保护能力。一般滚涂施工后，检查墙面留的滚花印，均匀细致即可。

3. 墙面乳胶漆平整度验收方法

检查墙面乳胶漆涂刷是否平整。平整度验收主要通过检查墙角偏差和墙面垂直度和水平度、是否有空鼓这三项完成的。通过这三项的检查，来确保墙面是平整的。

1）墙角偏差检查：使用多功能内外直角检测尺能检测墙面内外（阴阳）直角的偏差。按照国家规范要求，阴阳角的偏差不能超过3mm，即直角检测尺偏差值应不超过3格。

2）墙面垂直度和水平度检查：用垂直和水平检测尺检测，将检测尺左侧靠近被测面，观察指针，所指刻度为偏差值。墙面乳胶漆涂刷垂直度偏差值和水平度偏差值按照国家规范要求不能超过3mm（图10.4-2）。

3）空鼓现象检查：用伸缩响鼓槌敲击，听声音看是否有空鼓。如有空鼓会有整体面层脱落或者开裂的风险。

图 10.4-1　墙面乳胶漆外观验收

图 10.4-2　墙面乳胶漆平整度验收

二、天花板乳胶漆工程验收

1. 天花板乳胶漆验收标准

1）乳胶漆使用的材料品种、颜色符合设计要求。

2）涂刷面颜色一致，无砂眼，无刷纹，无漏刷、掉粉、皮碱、起皮等质量缺陷。

3）使用喷枪喷涂时，喷点疏密均匀，无连皮现象，不掉粉。

4）天花板平整，无波浪状，表面平整、反光均匀，无空鼓、起泡、开裂现象。

5）木质和石膏板天花板接处无裂缝。

2. 天花板乳胶漆验收方法

1）检查天花板乳胶漆的表面是否平整、光滑，有无流坠、起泡、裂缝等缺陷。

2）检查天花板乳胶漆的颜色是否均匀一致，有无色差。

3）检查天花板乳胶漆的附着力是否良好，可用手指轻轻擦拭表面，看是否有掉粉现象。

4）检查天花板乳胶漆的涂刷厚度是否符合要求，涂刷厚度可用测厚仪进行测量。

5）检查天花板乳胶漆的涂刷面积是否符合要求，涂刷面积可通过测量并计算得出。

【练习】

1. 简述墙面乳胶漆平整度验收方法。
2. 简述天花板乳胶漆工程验收方法。

乳胶漆、油漆工程验收

［1］ 张绮曼. 室内设计的风格样式与流派［M］.2版. 北京：中国建筑工业出版社，2006.

［2］ 彭一刚. 建筑空间组合论［M］.3版. 北京：中国建筑工业出版社，2008.

［3］ 理想·宅. 家装水暖电设计与施工从入门到精通［M］. 北京：化学工业出版社，2024.

［4］ 蔺武强，张琦. 室内设计项目实战教程［M］. 北京：化学工业出版社，2024.

［5］ 程宏. 居住空间设计［M］. 北京：中国电力出版社，2024.

［6］ 刘莉. 居室空间设计［M］. 北京：清华大学出版社，2023.

［7］ 周麒. 家具设计［M］.2版. 武汉：华中科技大学出版社，2023.

［8］ 何公霖，胡斌斌. 住宅室内设计原理及实例［M］. 重庆：重庆大学出版社，2022.